战略性新兴领域"十四五"高等教育系列教材

# 离散型制造智能工厂

汤洪涛 编著

机械工业出版社

智能工厂建设是我国制造强国战略的重要组成部分，也是制造企业实现转型升级的关键手段。本书系统地介绍了离散型制造智能工厂的主要建设内容和关键技术。全书内容可划分为四个部分：第一部分是智能工厂的内涵、总体框架、规划的内容和误区；第二部分是精益工厂布局的相关内容和方法；第三部分是制造执行系统、工厂数据采集、高级计划与排程等智能生产相关内容；第四部分是工厂智能物料搬运系统和智能仓储系统等智能物流系统设计相关内容。

本书可作为工业工程、物流工程、机械设计制造及其自动化、智能制造工程、管理工程等专业的高年级本科生或研究生相关课程的教材，也可供从事智能工厂规划相关领域的研究人员或工程技术人员参考。

图书在版编目（CIP）数据

离散型制造智能工厂 / 汤洪涛编著. -- 北京：机械工业出版社，2024.12. --（战略性新兴领域"十四五"高等教育系列教材）. -- ISBN 978-7-111-77134-0

Ⅰ. TH166

中国国家版本馆 CIP 数据核字第 2024HD8199 号

机械工业出版社（北京市百万庄大街 22 号　邮政编码 100037）
策划编辑：裴　泱　　　　　责任编辑：裴　泱　何　洋
责任校对：牟丽英　薄萌钰　　封面设计：严娅萍
责任印制：邵　敏
北京富资园科技发展有限公司印刷
2024 年 12 月第 1 版第 1 次印刷
184mm×260mm · 9.5 印张 · 207 千字
标准书号：ISBN 978-7-111-77134-0
定价：39.80 元

电话服务　　　　　　　　　　网络服务
客服电话：010-88361066　　　机　工　官　网：www.cmpbook.com
　　　　　010-88379833　　　机　工　官　博：weibo.com/cmp1952
　　　　　010-68326294　　　金　书　网：www.golden-book.com
**封底无防伪标均为盗版**　　　机工教育服务网：www.cmpedu.com

# 前　言

智能工厂作为先进制造技术与信息技术深度融合的典型代表，正引领着制造业向数字化、网络化和智能化方向迈进。离散型制造智能工厂建设是实现我国制造强国战略的重要组成部分，也是制造企业实现转型升级的关键手段，迫切需要具备整体建设规划能力的专业技术人才。

本书主要针对工业工程专业人才的培养，从整体系统规划的角度出发，介绍了离散型制造智能工厂的主要建设内容和关键技术，旨在培养学生系统、全面的离散型智能工厂规划能力。本书不仅兼顾知识体系的完整性，还包括理论方法的介绍和当前主流软件、设备的应用，全面涵盖了智能工厂规划与实施的关键环节和核心技术。其中个别内容在工业工程专业其他相关课程中已有涉及，但考虑到体系的完整性，仍将其纳入并做了简要介绍。

全书内容可划分为四个部分，共 7 章：

第一部分（第 1 章）主要介绍离散型制造智能工厂的内涵、总体框架、规划的内容和误区。通过对智能工厂的概念、发展背景及其重要性的阐述，帮助读者建立对智能工厂的基本认识，并从总体框架方面了解智能工厂规划的内容和步骤。

第二部分（第 2 章）着重于精益工厂布局的内容和方法。通过对精益思想的解读，阐述了生产设施布局的基本类型和系统化布局方法，以及一个流生产与生产线布局的方法。

第三部分（第 3~5 章）涉及智能生产相关的核心内容，包括制造执行系统（MES）、工厂数据采集、高级计划与排程（APS）等。通过对 MES 的功能模型、数据采集方式及系统架构、APS 系统的关键技术等内容的详细介绍，为读者展示了智能生产的实现路径。

第四部分（第 6、7 章）则聚焦于智能物流领域，详细讲解了工厂智能物料搬运系统和智能仓储系统的设计。通过对不同类型自动化仓库的特点、总体设计、仓库管理系统（WMS）的构成及功能的介绍，帮助读者理解智能物流系统的构建方法和应用场景。

在本书的编写过程中，得到了许多单位和个人的支持和帮助。鲁建厦教授对内容结构方面提出了宝贵的意见，瞿成、吴伟伟、雷星为本书提供了来自企业的实际案例，王涵悦、何俊杰、沈逸峰同学协助收集整理了部分资料，在此一并表示感谢。

特别感谢机械工业出版社的编辑团队，他们不仅在书稿整理、排版、校对等方面付出了大量心血，也在编写过程中给予了及时的指导，使本书得以顺利出版。

希望本书的出版能够为相关专业人才的培养做出贡献，以及为智能工厂建设领域的研究和实践提供有益的参考。智能工厂规划的知识范围广、内容跨度大、技术进步快，因而编写难度较大，书中难免有不当之处，期待广大读者提出宝贵意见和建议，以便今后修订和完善。智能工厂的建设是一项复杂而系统的工程，愿我们共同为实现我国制造业的智能化发展贡献力量。

编　者

# 目 录

前言

## 第1章 概论 … 1
1.1 从智能制造到智能工厂 … 1
1.2 离散型制造与流程型制造 … 2
1.3 智能工厂的内涵 … 3
1.4 智能工厂的总体框架 … 6
1.5 智能工厂规划的内容 … 7
1.6 智能工厂规划的误区 … 13
复习思考题 … 14

## 第2章 精益工厂布局 … 15
2.1 生产纲领 … 15
2.2 精益流程 … 17
2.3 流程化设施布局 … 18
2.4 一个流生产与生产线布局 … 24
复习思考题 … 26

## 第3章 制造执行系统 … 27
3.1 MES 的概念与内涵 … 27
3.2 MES 的定位与功能模型 … 28
3.3 从 MES 到制造运行管理 … 31
3.4 MES 平台的体系结构 … 38
3.5 案例分析 … 40
复习思考题 … 50

# 第 4 章　工厂数据采集 ... 51

## 4.1　车间数据的来源和类型 ... 51
## 4.2　数据采集方式 ... 52
## 4.3　数据采集系统的架构 ... 53
## 4.4　终端数据采集技术 ... 54
## 4.5　工厂数据传输网络 ... 58
## 4.6　数据采集与物联网、工业互联网 ... 60
## 4.7　案例分析 ... 64
## 复习思考题 ... 67

# 第 5 章　高级计划与排程 ... 68

## 5.1　生产计划与控制的总体框架 ... 68
## 5.2　生产作业计划 ... 69
## 5.3　APS 的概念与功能 ... 70
## 5.4　APS 调度算法与排程策略 ... 75
## 5.5　部分 APS 产品的功能与特点 ... 80
## 复习思考题 ... 90

# 第 6 章　工厂智能物料搬运系统 ... 91

## 6.1　工厂智能物料搬运场景与总体技术要求 ... 91
## 6.2　物料搬运系统设计思路与方法 ... 93
## 6.3　PFEP 方法 ... 95
## 6.4　工厂常用的物料搬运工具 ... 99
## 6.5　AGV 系统 ... 101
## 6.6　案例分析 ... 109
## 复习思考题 ... 113

# 第 7 章　智能仓储系统 ... 114

## 7.1　智能仓储系统的总体技术要求 ... 114
## 7.2　自动化仓库的形式与特点 ... 114
## 7.3　自动化仓库系统的总体设计 ... 122
## 7.4　仓库管理系统 ... 137
## 7.5　案例分析 ... 140
## 复习思考题 ... 144

# 参考文献 ... 145

# 第 1 章

# 概论

## 1.1 从智能制造到智能工厂

制造业是国民经济的重要支柱，也是全球经济竞争的制高点，其发展经历了多次技术革新。从手工制作到高度自动化和柔性自动化，制造业不断进步，经历了 20 世纪 50—60 年代的单机数控技术、70 年代的 CNC 机床及自动化岛、80 年代的柔性制造系统热潮及随后的计算机集成制造系统的发展，以及各类企业管理软件、工业软件从萌芽到广泛应用的趋势，计算机信息科学、自动化科学、管理科学等的发展不断为制造业赋能。

20 世纪 80 年代末，日本首次提出智能制造系统的概念。在美国，赖特（Wright）和伯恩（Bourne）在其专著《制造智能》中系统描述了智能制造的内涵，认为智能制造是通过集成知识工程、制造软件系统、机器人视觉和控制等技术，实现无人工干预的小批量生产。英国的威廉姆斯（Williams）教授进一步扩展了这一定义，将智能决策支持系统纳入智能制造的范畴。

21 世纪以来，物联网（IoT）、大数据和云计算等技术的快速发展为智能制造注入了新的活力。2010 年，美国在华盛顿举办的"21 世纪智能制造研讨会"提出，智能制造通过强化先进智能系统的应用，实现新产品的快速制造、动态响应市场需求以及工业生产和供应链网络的实时优化。德国的"工业 4.0"战略进一步将企业的机器、存储系统和生产设施融入虚拟网络与实体物理系统（CPS）。虽然未明确提出智能制造的概念，但其内涵实质上是智能制造的一部分。

智能制造的核心是将物联网、大数据、云计算等新一代信息技术与先进自动化技术、传感技术、控制技术、数字制造技术相结合，贯穿设计、生产、管理、服务等制造活动的各个环节，实现工厂和企业内部、企业之间及产品全生命周期的实时管理和优化。智能制造系统具有信息深度自感知、智慧优化自决策、精准控制自执行等功能，是一种高度先进的制造过程和模式。其目的是通过人与智能机器的协作，实现制造过程中的智能化活动，包括分析、推理、判断、构思和决策，从而部分取代人类专家在制造过程中的脑力劳动。

智能制造是一个复杂而庞大的系统，包括智能产品、智能生产和智能服务，也包括由工业智联网和智能制造云等支撑系统。智能生产是智能制造系统的核心，而智能工厂则是智能生产的主要载体。智能工厂是智能制造技术在实际生产中的具体应用，是实现制造业智能化转型的重要载体。通过引入智能制造技术，智能工厂能够实现高度自动化、信息化和智能化的生产过程，提高生产效率和产品质量，降低成本和资源消耗。智能工厂的建设不仅是智能制造的自然延伸，更是现代制造业提升竞争力的关键。为了实现智能工厂的高效运作，需要进行全面系统的规划。

## 1.2 离散型制造与流程型制造

在工业生产中，制造方式通常可以分为离散型制造和流程型制造两大类。

离散型制造是指在生产过程中，产品以单个或小批量的形式存在，每个产品都有其独立的形态和特性。离散型制造的产品通常由多个独立的零部件组装而成，如汽车、飞机、家用电器和电子产品等。这种制造方式需要对每个零部件进行单独加工，并在最后进行组装，生产流程各个环节之间缺乏连续性。

流程型制造是指在生产过程中，产品以连续的形式存在，从原材料进入生产线开始，到成品输出，整个过程是连续进行的。典型的流程型制造产品包括石油化工产品、钢铁、水泥和纸张等。

离散型制造和流程型制造在生产方式、工艺流程、设备使用等方面有显著区别。在生产方式方面，离散型制造产品通常以单个或批量形式存在，每个产品都是独立的个体；而流程型制造产品以连续形式存在，生产过程不间断。在工艺流程方面，离散型制造包含多个独立的工序，每个工序可以单独进行；而流程型制造的生产过程是一个连续的整体，各个工序紧密连接。在设备使用方面，离散型制造需要多种设备，每种设备负责不同的加工工序；而流程型制造的生产线设备高度集成，通常是自动化程度较高的成套装置。在生产规模方面，离散型制造适合小批量、多品种生产；而流程型制造适合大批量、少量品种生产。在灵活性方面，离散型制造生产灵活性高，能够快速调整生产计划和工艺；而流程型制造生产灵活性低，工艺调整较为困难。典型的离散型制造和流程型制造工厂如图1-1所示。

a) 典型的离散型制造工厂

b) 典型的流程型制造工厂

图1-1 典型的离散型制造工厂和流程型制造工厂

离散型制造和流程型制造是两种基本的制造方式，各有特点，在很多方面都存在较大差异。离散型制造智能工厂的规划和建设是实现智能制造的重要环节。本书面向离散型制造领域，探讨离散型制造智能工厂的规划设计方法。

## 1.3 智能工厂的内涵

智能工厂的核心是"智能"，理解智能工厂的内涵，首先需要理解制造领域"智能"的内涵。"智能制造"（Intelligent Manufacturing）一词最早可以追溯到1988年，随着近几十年来相关的计算机集成制造等先进制造理念的共同发展，其"智能"概念内涵已从最初的狭义"数字化"提升和拓宽为如今的"数字化、网络化、智能化"。智能制造是将新一代信息技术与先进自动化技术、传感技术、控制技术、数字制造技术和管理技术相结合，贯穿于设计、生产、物流、销售、服务等活动的各个环节，具有自感知、自决策、自执行、自学习、自优化等功能，创造、交付产品和服务的新型制造。智能工厂是面向工厂层级的智能制造系统，是智能制造的载体。为此，首先从数字化的角度分析数字化车间的内涵，进而剖析智能工厂的内涵。

### 1.3.1 数字化车间

根据 GB/T 37413—2019《数字化车间　术语和定义》，数字化车间是以生产对象所要求的工艺和设备为基础，以信息技术、自动化、测控技术等为手段，用数据连接车间不同单元，对生产运行过程进行规划、管理、诊断和优化的实施单元。这里的数字化车间仅包括生产规划、生产工艺、生产执行阶段，不包括产品设计、服务和支持等阶段。数字化车间的体系结构如图 1-2 所示。

数字化车间作为智能制造体系中的关键一环，是将传统制造车间与新一代信息技术深度融合的典范。它通过集成高级传感技术、物联网（IoT）、云计算、大数据及人工智能（AI）等先进技术，对生产过程进行全方位、多维度的数字化改造与升级。在这个高度互联的车间内，从原料入库、生产排程、加工装配、质量检测到成品出库的每一步骤，都被实时监控与智能调度，形成了一个高度透明、灵活且高效的制造生态系统。

从基本技术要求的角度，数字化车间具有如下特征：

首先，从设备与生产资源角度看，数字化车间至少包括车间生产制造所必需的各种制造设备及生产资源。其中，制造设备承担执行生产、检验、物料运送等任务，大量采用数字化设备，可自动进行信息采集或指令执行；生产资源是生产用到的物料、托盘、工装辅具、人、传感器等，本身不具备数字化通信能力，但可借助条码、RFID 等技术进行标识，参与生产过程并通过其数字化标识与系统进行自动或半自动交互。

其次，从车间生产管控职能角度看，数字化车间至少包括车间计划与调度、工艺执行与管理、生产物流管理、生产过程质量管理、车间设备管理等基本功能模块，对生产过程中的各类业务、活动或相关资产进行管理，实现车间制造过程的数字化、精益化及透明化。

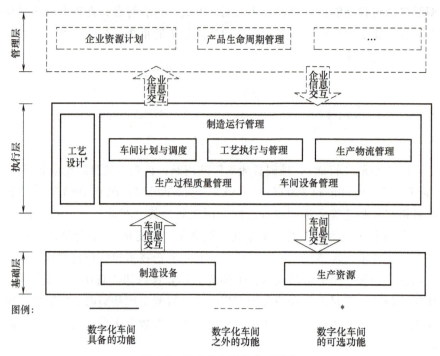

图 1-2 数字化车间的体系结构

最后,从数字化车间的基本能力与功能要求看,应达到:

（1）数字化能力。具体包括以下几个方面:

1）制造设备数字化。主要生产设备应具备通信接口,能够实现信息的接收与上传,具备一定的可视化能力和人机交互能力。生产资源应在条码及电子标签等编码技术的基础上满足可识别的要求。

2）生产信息的自动采集。大部分数据可通过车间信息系统进行自动采集。

3）生产资源的智能识别。应能对数字化车间制造过程所需要的生产资源的信息进行识别。

4）生产现场的实时可视化。可通过车间级通信与监测系统,实现车间生产与管理的可视化。

5）工艺设计的全面数字化。工艺设计宜采用数字化设计方法,采用计算机辅助工艺设计,对工艺路线和工艺布局进行仿真,能进行加工过程仿真和/或装配过程仿真,建立工艺知识库,提供电子化的工艺文件等。

（2）网络互联要求。数字化车间应建有互联互通的网络,可实现设备、生产资源与系统之间的信息交互。

（3）系统功能要求。数字化车间应建有制造执行系统或其他的信息化生产管理系统,支撑制造运行管理的功能。

（4）系统集成要求。数字化车间应实现执行层与基础层、执行层与管理层系统间的信息集成。

（5）安全管理要求。数字化车间应开展危险分析和风险评估,提出车间安全控制和数字化管理方案，并实施数字化生产。

数字化车间不仅是一种技术上的革新，更是生产管理模式的根本性转变。它以数据为驱动，以智能技术为支撑，致力于构建一个高效、灵活、可持续的制造环境，是迈向未来智能工厂的必经之路。

## 1.3.2 智能工厂

**1. 智能工厂的概念**

数字化车间是智能工厂的基石，是其实现智能制造愿景的具体实践单元。智能工厂是在数字化车间基础上的进一步升级和扩展。它利用物联网技术和监控技术加强信息管理与服务，提高生产过程可控性，减少生产线人工干预，实现合理的计划排程。同时，集智能手段和智能系统等新兴技术于一体，构建高效、节能、绿色、环保、舒适的人性化工厂环境。

智能工厂通过物联网对工厂内部参与产品制造的设备、物料、环境等全要素的有机互联与泛在感知，结合大数据、云计算、虚拟制造等技术，实现对生产过程的深度感知、智慧决策、精准控制等功能，达到对制造过程的高效、高质量管控一体化运营的目的。智能工厂的基本特征是将柔性自动化技术、物联网技术、人工智能和大数据技术等全面应用于产品设计、工艺设计、生产制造、工厂运营等各个阶段。

**2. 智能工厂的特征**

智能工厂的特征主要有以下几个方面：

（1）基础设施数字化。这也是数字化车间的基本要求，做到基础设施在信息空间可识别。

（2）设备的互联互通。在设备数字化的基础上，通过物联网技术，实现设备与设备的互联互通。

（3）实时的数据感知。通过与设备自身的控制系统集成，以及外接各种智能传感器等方式，数据采集系统能够实时采集设备的状态、工艺、质量、任务等信息；针对包括部分人工操作环节在内的生产制造各环节，通过应用 RFID（无线射频技术）、条码（一维和二维）等技术，实现生产过程数据的实时采集，从而实现对工厂状态的泛在感知。

（4）工业软件的广泛应用。智能工厂的数字化、智能化的实施，离不开工业软件的支撑。智能工厂对工业软件的应用不仅体现在 ERP（企业资源计划）等运营与业务管理层面的管理软件的应用，而是广泛应用 MES（制造执行系统）、APS（先进生产排程）、能源管理、质量管理等工业软件，实现生产过程的透明化、智能化。

（5）柔性自动化的实现。依据工厂产品品种、批量、工艺等特点，持续提升生产、检测和工厂物流的自动化程度。特别是对于绝大多数企业，在多品种小批量个性化的背景下，应优先建立智能制造单元，确保整个生产系统的柔性。自动化的应用也不仅仅是加工装配环节的自动化，在物流自动化环节，通过自动导引车（Automated Guided Vehicle，AGV）、桁架式机械手、输送机、输送链、码垛机器人等物流装备实现工序之间的物料传递，配置物料超市，尽量将物料配送到线边；在质量检测自动化环节，通过机器视觉、先进传感技术等先进技术实现自动检测、自动上报、自动分析、自动预警等。

（6）精益思想的充分体现。智能工厂的设计与运营应基于精益思想，体现工业工程和精益生产的理念，能够实现尽量减少在制品库存，消除浪费。推进智能工厂建设要充分结合企业产品和工艺特点，在建设阶段就需要进行精益车间布局规划，以奠定高效运营的基础。

（7）绿色低碳的实践。通过监测设备和产线的能源消耗，并与生产计划关联，实现能源的高效利用。

**3. 智能系统的层级**

依托以上先进技术，智能工厂在各个层级上体现出"智能"，既可以是单个制造装备层面的智能、车间层面的智能，也可以是工厂层面的智能。

（1）智能制造装备。制造装备作为最小的制造单元，能对自身和制造过程进行自感知，对与装备、加工状态、工件材料和环境有关的信息进行自分析，根据产品的设计要求与实时动态信息进行自决策，依据决策指令进行自执行，通过"感知→分析→决策→执行与反馈"的大闭环过程，不断提升性能及其适应能力，实现高效、高品质及安全可靠的加工。

（2）智能车间（生产线）。智能车间（生产线）由多台（条）智能装备（产线）构成，除了基本的加工/装配活动外，还涉及计划调度、物流配送、质量控制、生产跟踪、设备维护等业务活动。智能生产管控能力体现为通过"优化计划—智能感知—动态调度—协调控制"的闭环流程来提升生产运作适应性，以及对异常变化的快速响应能力。

（3）智能工厂。制造工厂除了生产活动外，还包括产品设计与工艺、工厂运营等业务活动。智能工厂以打通企业生产经营的全部流程为着眼点，实现从产品设计到销售、从设备控制到企业资源管理所有环节的信息快速交换、传递、存储、处理和无缝智能化集成。

## 1.4 智能工厂的总体框架

智能工厂的规划必须始于厂房建设、设施布局，并将各种的智能制造技术应用于设计、生产、物流和运营管理。因此，从整体规划的角度出发，智能工厂的总体框架如图1-3所示。

其中，精益工厂布局设计是基于精益思想，在新工厂设计阶段，对工厂设施布局进行设计，对厂区物流、车间内设施布置、产线设计等进行规划。精益工厂布局设计是前置性工作，通常在工厂建设期就需要同步考虑。

智能设计是基于数字技术和智能技术，对产品和工艺进行设计，用数字模型及文档描述和传递设计输出。

智能生产是基于信息化、自动化、数据分析等技术和管理手段，采用柔性化、网络化、智能化、可预测、协同生产模式，实现对产品质量、成本、能效、交付期的闭环管理和持续优化。

智能物流主要包括智能制造环境下厂内物流的智能仓储和智能配送。

智能管理是在研发、生产、经营活动的数字化、信息化、网络化的基础上，通过提升信息化水平、实现系统化集成和精益化协同，优化采购、销售、资产、能源、安全，以及产品设计、生产、物流等管理模块，形成具备智能特征、面向全局的管理系统，旨在为企业各管理层的智能决策提供支撑。

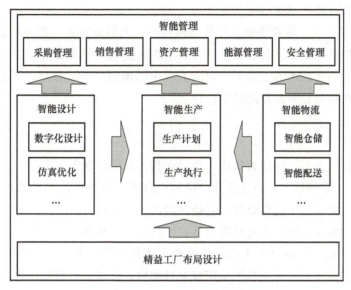

图 1-3 智能工厂的总体框架

## 1.5 智能工厂规划的内容

### 1.5.1 精益布局

精益布局作为智能工厂规划第一阶段的工作，旨在通过优化设施、设备、工作区域的配置，提升生产流程的顺畅性，从工厂基础设施建设阶段，为智能工厂的高效、柔性、精益奠定基础。

精益布局包括多个相互关联的内容：

（1）生产纲领设计。一切工厂规划的起点源自对工厂生产纲领的清晰界定。生产纲领作为智能工厂建设的指南针，不仅决定了设施规划的基本方向，而且确保布局设计与企业的长远发展规划和产品需求精准匹配。在布局初期就要深入分析市场趋势、产品特性、技术发展趋势及产能需求，为后续的设施布局和工艺流程设计奠定坚实基础。

（2）工厂整体设施布局。在生产纲领的指导下，工厂整体设施布局需综合考虑空间利用率、物流动线、环境安全与员工舒适度等因素。这包括合理规划行政办公区、生产区、仓储区、质量检验区等功能区域的位置，确保各区域间协同高效，同时留有适当的空间以适应未来扩张或流程调整。

（3）工艺/产线布局。深入生产核心，工艺/产线布局聚焦于实现生产效率最大化。通过细致分析产品制造的每一步骤，优化设备布局，以促进物料的顺畅流动和减少在制品库存，实现单件流生产或小批量快速转换的精益目标。产线设计强调灵活性与模块化，以便于根据不同生产需求快速调整产线配置，同时利用自动化和信息化技术（如自动化装配线、智能监测系统）提升生产精度和响应速度。

（4）流程优化设计。随着智能工厂规划的进行，大量新装备、新一代信息技术的引入，必将引起生产、物流等工作运行的业务逻辑发生重大变化，因此必须对相关业务流程进行重新梳理。在新一代信息技术的支持下，识别流程中的增值环节，按照系统整体优化的原则，以基于精益的思想指导业务流程的同步设计。

## 1.5.2 智能设计

智能设计是传统产品设计的智能化，主要包括产品设计和工艺设计。产品设计是对产品的功能/性能定义、造型设计、功能设计、结构设计等，包括产品试验仿真。工艺设计是指制造工艺设计、检验检测工艺设计等，包括试验测试工艺设计。

智能设计可以由浅入深、由易到难，从三个层面进行规划。

（1）设计数字化。从概念设计阶段开始就采用数字设计平台，利用参数化对象建模等工具，进行产品和工艺设计等工作。采用标准数据格式，输出符合开放标准的设计成果，以便于产品生命周期各阶段的数据交互，实现信息的高效利用，满足产品生命周期各阶段对信息的不同需求。

（2）设计仿真优化和面向产品生命周期的设计。在产品设计、工艺设计等设计各阶段，基于包含精准造型、结构、功能/性能和数据的计算机虚拟模型，利用仿真优化工具，针对不同目标开展计算机仿真优化活动，确保或提升产品设计水平。同时，在设计阶段，面向产品全生命周期，考虑产品制造、使用、服务、维修、退役等后续各阶段需求，实现产品设计的全局最优。并且，在产品生命周期内应统一使用计算机产品模型，以确保产品数据在产品全生命周期内的一致性和非冗余性。

（3）大数据分析与知识工程。基于采集到的产品生命周期各阶段数据，在大数据分析和知识工程支撑下，实现对需求的快速智能分析、对产品的精准设计和仿真优化，提升设计能力。

智能设计的整体内容框架如图1-4所示。

## 1.5.3 智能生产

智能生产是智能工厂的核心，智能工厂规划必须围绕智能生产进行。智能生产的整体规划应包括生产计划、生产执行、质量管理和设备管理四个领域，如图1-5所示。

**1. 生产计划**

生产计划的核心是根据订单和项目要求制订生产计划，并监控计划完成状态以满足订单和项目的管理要求。

生产计划根据计划的期限、类型，可以分为多种。例如，主生产计划（MPS）着眼于中期，协调客户需求、库存状况与生产能力；日计划着眼于短期的每日交付要求；车间作业计划聚焦车间、机台、员工的每日每班详细资源调度；物料需求计划（MRP）与能力需求

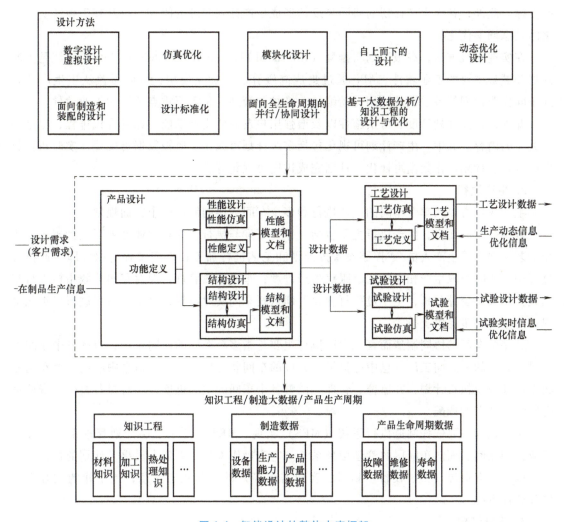

图 1-4 智能设计的整体内容框架

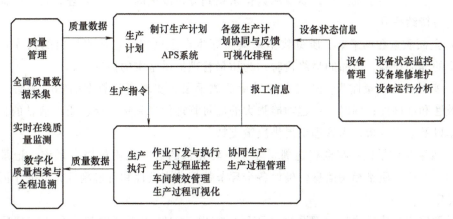

图 1-5 智能生产整体规划内容范围

计划（CRP）分别解决了原料供应与产能匹配的问题，为生产活动的顺利进行提供了坚实的支撑。此外，各级生产计划的协同与反馈形成生产计划管理的闭环，以及基于生产实时变化的动态调整优化等。

在实现手段方面，高级计划与排程（Advanced Planning & Scheduling，APS）系统是生产计划领域最主要的工业软件。APS通过集成高级算法与优化模型，可以覆盖从主生产计划到车间作业计划等各层级的计划自动编排、维护和管理，是需要重点关注的工业软件。

此外，提高计划精度、可实施性以及增强用户友好的交互性能，如可视化排程，也是需要关注的内容。其中，生产计划可视化包括多级计划可视化、监控数据可视化、实时执行数据可视化、计划对比数据可视化，计划完成进度可视化等。

**2. 生产执行**

生产执行可以从单个车间的生产执行和多个车间的协同制造两个方面规划。

就单个车间而言，生产执行主要包括：作业下发与执行，即将作业计划下发到现场，依托工艺文件指导生产人员/或控制设备按计划和工艺进行加工；生产过程监控，即生产执行过程中，实时获取生产相关数据、跟踪生产进度；车间绩效管理，即对车间绩效指标进行基础数据采集、统计分析；生产过程可视化，即依托车间实时数据，对生产过程进行可视化呈现，为生产决策提供支持等。

就多个车间的协同制造而言，生产执行主要是指多个车间的协同生产，包括各个车间以实时、动态的方式向工厂信息中心提供全方位的车间状态信息，工厂信息中心向各个车间分配生产任务及执行计划，并监控、管理、调整各个车间的生产进度，同时对各类生产资源进行实时、动态的调配。

生产执行主要依托制造执行系统（MES）实现。MES是位于上层计划管理系统与底层工业控制之间、面向车间层的管理信息系统。它为操作人员、管理人员提供计划的执行、跟踪，以及所有资源（人、设备、物料、客户需求等）的当前状态信息，是车间的核心生产管理软件系统。

**3. 质量管理**

质量管理是一项系统工程，涵盖从数据采集到分析改进的全方位管理，旨在确保生产质量的卓越与持续提升。

（1）全面质量数据采集。质量数据采集贯穿生产全过程，包括原材料的入库检验、生产过程中的样品检验、成品的最终检验，为质量管理提供坚实的数据基础。

（2）实时在线质量监测。通过在线质量监测手段，实现质量数据的实时采集，确保数据的时效性和准确性；同时，构建功能强大的质量管理信息系统，促进质量信息的自动化采集、共享以及数据分析，为管理层提供决策支持。

（3）数字化质量档案与全程追溯。建立一套完整的数字化质量档案系统，记录产品全生命周期中的所有质量相关信息，确保各个环节数据的完整性和可追溯性，以便于问题追踪与责任界定。

质量管理通常依托质量管理系统（QMS）实现。QMS用于帮助制造企业实现质量管理的持续改进与提升，推动质量信息化，提升产品质量保证能力和质量可靠性，实现质量成本精细化管理。QMS 可实现供应商来料、生产制程、客户服务全过程质量保证、质量控制、质量管理，满足产品制造全过程的质量信息收集、分析，并形成质量问题反馈工作流，保证企业实时掌握过程质量及质量管理体系的表现。

**4. 设备管理**

设备管理的核心内容可以概括为三大板块：设备状态监控、设备维修维护以及设备运行分析。

（1）设备状态监控。设备状态监控是设备管理体系的感知层，其基础在于通过集成化的设备控制与数据采集系统来获取设备运行的实时数据。这一过程不仅要求系统能够兼容多样化的通信协议，以适应不同设备的接口需求，还必须具备灵活性以应对老旧设备的数据采集挑战，例如通过增设适配器或传感器进行数据提取。收集的数据可以进行可视化处理和呈现，利用三维建模、数字孪生等先进技术，将抽象的数据转化为直观的图形界面，以实现设备状态的实时仿真与部件级的精细监控。此外，通过智能算法，可以分析监控数据，及时辨识出偏差与异常，并通过分级报警系统（包含现场指示、远程通知等多种形式）将信息迅速传达给维护团队，确保对问题的即时响应与处理。

（2）设备维修维护。设备维修维护旨在通过周期性与预测性维护策略，延长设备使用寿命并减少非计划停机。设备维修维护的构建围绕标准化流程展开，涵盖从维修计划的制订、工单的生成与分派、执行与反馈的闭环管理。其中，周期性维护基于设备特性制订计划，确保定期保养得以严格执行；而预测性维护则通过分析设备运行日志与传感器数据，识别潜在故障模式，提前安排维护活动，尤其是对关键零部件，系统能够基于其理论寿命与实时工况，预测并提示更换时机，有效防止故障发生。

（3）设备运行分析。设备运行分析是设备管理的智慧大脑，它依托数据分析技术，对设备的综合性能进行量化评估。它通过对设备完好率、利用率、故障率、停机时间和次数、设备平均故障间隔时间等关键性能指标的深度分析，帮助企业全面了解设备的运行状况，优化设备管理策略，提高设备的使用效率和可靠性。

## 1.5.4 智能物流

智能物流作为智能工厂不可或缺的组成部分，其规划与实施聚焦于智能仓储与智能配送两大核心领域，旨在通过集成自动化、信息化技术，实现物料仓储与流通的高度优化与效率提升。

**1. 智能仓储**

智能仓储系统的目标是通过深度集成自动化设备与信息系统，实现物料的高效存取与精准管理。其核心规划内容包括：

（1）自动化仓库系统。设计采用高层货架与自动化存取设备（如堆垛机、穿梭车、堆高车等）相结合，大幅度提升存储密度与出入库效率，同时减少占地面积。

（2）数字化标识与信息集成。利用 RFID、二维码等技术对物料进行唯一标识，确保每项物料信息（如编码、名称、规格、存放位置等）在仓库管理系统（WMS）中准确存储，实现物料的快速识别与信息追溯。

（3）实时交互与响应机制。智能仓储系统应与生产调度系统紧密集成，实时交换物料需求信息，快速响应生产变动，同步更新配送状态，确保物料供应与生产节奏相匹配。

（4）全生命周期追踪。建立物料从入库到出库的全生命周期信息链，覆盖从原材料到成品的每一个阶段，实现物料生命周期全过程信息可追溯，为质量控制与优化提供数据支持。

（5）库存优化与预警。通过集成智能分析工具，对库存水平进行持续监控与分析，预测物料需求趋势，实现库存的动态优化，设置高位与低位预警机制，防止物料过剩或短缺。

**2. 智能配送**

智能配送是确保物料在生产线上顺畅流动、及时响应生产需求的关键环节。其规划内容包括：

（1）新型自动搬运设备的应用。根据车间实际需求和客观条件，选择部署自动导引车（AGV）/自主移动机器人（AMR）、悬挂链、传输带，以实现物料在车间内的无人化自动配送，提高物流效率。

（2）集成优化配送。智能配送系统需与生产计划和智能管理系统紧密结合，依据生产需求动态调整配送任务，减少工位库存，提升生产线的物料供应效率。

（3）精益物流规划。依据生产布局与物料需求特点，进行配送路径的精益化设计和运输模式优化，减少物料搬运距离与时间，提升物流效率。

（4）实时监控与追踪。利用物联网技术，如传感器网络，实现对物料及运输工具的实时监控，追踪位置与状态，确保物料流动透明化，及时发现并处理异常。

智能工厂中的物流规划，既要强化仓储的数字化管理与库存优化能力，也要推进配送的自动化与路径优化策略，这两者相辅相成，共同构建起敏捷、高效的物流体系，为智能工厂的高效运作奠定坚实基础。

## 1.5.5　智能管理

智能管理为企业各层级的智能决策提供坚实支撑。智能管理的规划主要包括采购管理、销售管理、资产管理、能源管理、安全环境健康管理五个方面，如图1-6所示。这部分内容在ERP等相关内容中多有阐述，这里不再赘述，仅对能源管理稍做说明。

智能工厂能源管理的核心在于促进内部与上下游的高效协同，优化资源配置；目标是降低能耗，提升能源利用效率。具体内容主要包括：

（1）实时计量与监控系统。在车间部署智能计量装置，实时采集电、气、水等能源的消耗数据，实现能耗的透明化管理；通过监控系统自动分析能耗趋势，对异常消耗及时发出预警，预防浪费。

（2）数据分析驱动决策。利用大数据技术，结合车间的历史能耗数据，建立预测模型，分析能耗模式，识别节能潜力区，为车间的生产调度、设备升级提供数据支持，优化能源使用策略。

（3）定制化能源管理模型。基于车间特定的生产流程与设备特性，建立专属的能源管理模型，结合设备运行数据，形成精细化的能源管理方案，提升能源利用的精准度和效率。

总之，智能管理是智能工厂规划中的核心组成部分，它依托企业研发、生产和经营活动

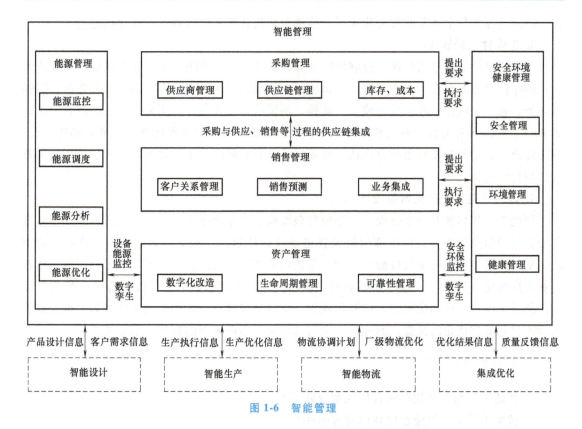

图 1-6 智能管理

中已有的数字化、信息化和网络化基础,通过融合虚拟仿真、人工智能、大数据分析、云计算等先进技术,对企业的各项管理模块进行深层次的信息化提升、系统化集成和精益化协同。其目标是构建一个可迭代优化、具有智能特征、面向全局的管理系统,为各层级的智能决策提供坚实支撑。

## 1.6 智能工厂规划的误区

**1. 将智能工厂规划简单等同于自动化工厂规划**

在智能工厂规划中,将自动化生产简单等同于智能工厂建设的全部,是一种常见的认知偏差,尤其体现在那些过度侧重自动化解决方案的规划中。构建智能工厂,要超越生产过程自动化的界限,深入探索并综合评估设计创新、产品升级、运营管理、制造服务等每一个环节的优化需求与智能化潜力,精心设计各类智能应用场景,旨在通过全方位的效能提升来增强企业的市场竞争力,不仅追求生产线上的"机器换人",更要注重整体效率的跃升。

**2. 将智能工厂规划狭义地理解为全面信息化规划**

将智能工厂规划狭义地理解为企业全方位的信息化规划,而忽视智能工厂"制造"的本质,是智能工厂规划中又一常见的误区。制造始终是工厂的根本使命,而信息化则是服务于这一核心使命的强有力工具。智能工厂是在新一代信息技术支持下提升制造装备、物流装备、制造过程等各个环节的智能化水平，推动制造装备与生产流程的智能化改造。

**3. 重硬件、轻软件**

在工厂设计建设中重硬件、轻软件的现象，在 ERP、进销存、OA 等管理信息系统开始推广的年代就普遍存在。企业普遍重视机床、计算机、厂房等有形资产的投入和建设，而轻视各类信息系统软件，轻视管理模式、流程、制度的开发和建设。当前，企业已经普遍认识到 ERP、MES 等各类管理系统软件、工业软件的重要性，但对流程优化、标准化和规范化、制度建设、数据的开发利用等方面认识还不到位。只有软硬并重，才能确保智能工厂的高效运行与持续优化。

**4. 部门分割规划缺乏顶层设计**

智能工厂规划涉及的业务面广、系统复杂度高、规划难度大。当前企业普遍存在由信息中心做管理信息化规划、生产部门做设备更新改造计划、技术中心做研发设计信息化的情况，缺乏顶层设计，各系统目标不协调，集成效能低下。为此，智能工厂的规划工作必须在企业高层的统一领导下，进行统筹规划、顶层设计。在此基础上，积极融合新一代信息技术，统筹生产过程自动化规划、信息化规划、精益布局规划、智能物流系统规划，确保智能工厂不只是局部优化的拼盘，而成为一个高效协同、面向未来的智慧生态系统。

## 复习思考题

1. 智能工厂与数字化车间有何区别与联系？
2. 智能工厂的主要建设规划内容有哪些？
3. 智能生产的主要建设规划内容有哪些？
4. 智能物流的主要建设规划内容有哪些？
5. 智能工厂规划中常见的误区有哪些？

# 第 2 章

# 精益工厂布局

无论是数字化车间还是智能工厂，都对工厂和车间的精益提出要求。GB/T 37393—2019《数字化车间　通用技术要求》指出，数字化车间是运用精益生产、精益物流、可视化管理、标准化管理、绿色制造等先进的生产管控理论和方法设计和建造的信息化车间，具有精细化管控能力，是实现智能化、柔性化、敏捷化的产品制造的基础。GB/T 41255—2022《智能工厂　通用技术要求》也指出，智能工厂中的智能配送应满足"能结合生产线布局和物料需求，对物流配送路径和运输模式进行精益化规划，实现物流配送路径与装载优化""以精益化、零库存为目标，实现工厂—仓库—车间三者之间智能化的物流调配"。可见，智能工厂首先应该是精益工厂，智能工厂在设计阶段就应该按照精益的思想进行设计。

精益思想源于日本丰田汽车生产方式，即精益生产方式，其核心思想就是消除浪费、创造价值。精益生产源于生产现场，但时至今日，精益所涉及的已经远远不限于生产环节，而是作为一种追求极致的思想在制造业的各个环节中得到体现，具体的技术方法也远远超出最初的技术方式体系。在工厂设计规划阶段，生产设备往往得到较多的关注，但物流设备、整个工厂设施的布局容易被忽略。由于很多设备设施一旦采购和安装，后期更改成本极高，甚至根本不可能再变更，因此，在工厂设计规划阶段确保整个工厂布局的精益就特别重要。精益工厂布局是精益生产的前提。

## 2.1　生产纲领

进行工厂规划，在开展具体的设施布局之前，首先需要回答以下两个基本问题：
- 生产什么产品？
- 每种产品要生产多少？

回答以上问题，也就是确定工厂的生产纲领。生产纲领指的是在规定时期内（一般以年为单位）制造的主要产品的品种、规格及数量。生产纲领通常需要在市场预测和企业战略规划的基础上确定。

生产纲领按类型划分，可分为以下两种：

（1）精确纲领。精确纲领是指生产纲领精确地规定了产品品种和数量，而且这些产品有完整的生产工艺等技术资料。对于大批大量生产的工厂，一个零件的增减或变化会引起设备数量和工艺方法的变动。因此，必须有精确的纲领，它规定的产品必须与将来实际生产的产品一致。

（2）折合纲领。折合纲领是指生产纲领没有包括全部产品而只包括一部分产品，其他产品都折合成代表产品。对多品种、中小批量生产类型的工厂，由于产品品种太多或产品规格变化太快或产品资料不完整，一般都采用折合纲领作为规划设计的依据，即将产品划分为若干类，每类选一代表产品，其余产品作为被代表产品折合成代表产品。代表产品与被代表产品应该是结构基本一致、只是规格有差别的同类产品。选定的代表产品应该是同类产品中数量最多的产品。如果数量差别不大，则应选中等规格的产品作为代表产品。

选定代表产品后，将被代表产品的数量折合为代表产品的当量数，即

$$Q = \alpha Q_x$$

式中　$Q$——折合成代表产品的当量数；

　　　$\alpha$——折合系数；

　　　$Q_x$——被代表产品的数量。

折合系数 $\alpha$ 一般由三个系数组成，即 $\alpha = \alpha_1 \alpha_2 \alpha_3$。其中，$\alpha_1$ 为重量折合系数，可用下式计算：

$$\alpha_1 = \sqrt[3]{(W_x/W)^2}$$

式中　$W_x$——被代表产品的单台重量；

　　　$W$——代表产品的单台重量。

$\alpha_2$ 为批量折合系数。若被代表产品的批量大，每台所需的生产时间相对较短，则 $\alpha_2 < 1$；若被代表产品的批量小，则相反，$\alpha_2 > 1$。如以 $n$ 和 $n_x$ 分别表示代表产品与被代表产品的数量，则 $\alpha_2$ 可按表2-1查得。

表 2-1　批量折合系数

| $n/n_x$ | 0.5 | 1.0 | 2.0 | 4.0 | 7.0 | 10.0 |
|---|---|---|---|---|---|---|
| $\alpha_2$ | 0.97 | 1.0 | 1.12 | 1.22 | 1.31 | 1.37 |

$\alpha_3$ 为复杂性折合系数。复杂性是指制造精度和产品结构的复杂程度。该系数一般根据产品图样及技术要求凭经验确定。

另外，工厂的规划设计通常会希望根据最新一代的先进生产设备提升改进原有的生产工艺和技术水平。因此，在进行具体的设施规划之前，也需要进行工艺过程的更新和设计。工艺过程设计的任务是决定零件是自制还是外购，自制零件如何生产，采用什么工艺和设备，完成每个作业需要多长时间等，由工艺设计人员承担。工艺过程设计的资料是工厂物流系统设计和工厂布置的基本依据。

## 2.2 精益流程

无论是生产线，还是物流仓储和搬运系统，其运行都有背后的业务逻辑。在进行工厂布局和物流系统规划时，容易忽略的一个基础工作就是对业务流程的优化。应用精益的思想指导业务流程的同步设计。

业务流程定义为一组活动，这组活动有一个或多个输入，输出一个或多个结果，这些结果应该是增值的。简言之，业务流程是企业中一系列创造价值的活动的组合。这里的业务流程包括生产流程、仓库操作流程、物料搬运流程等所有工厂运营涉及的流程。

精益流程的核心思想可以概述为三条：

- 确定价值：从企业运营的角度出发，精确地确定当智能工厂设计交付后，工厂生产与物流日常运营流程存在的价值，即业务流程的目标和任务。特别是要从运营的角度出发，精确地确定业务流程所提供的服务的价值。
- 重新思考：在企业能力范围内重新思考达到业务流程目标的手段。
- 识别价值流：精确地识别业务流程的价值流，消除一切浪费。

**1. 确定价值**

精确地确定业务流程存在的价值，是设计和优化业务流程并最终达到精益流程的出发点。工厂业务流程的价值是以可以接受的成本，能够在特定时间内，为满足工厂高效交付最终产品提供服务和支持。业务流程的价值最终体现在企业向客户交付的产品的价值之中。产品的价值是由生产者通过一系列的流程创造的。从客户的立场来看，这是生产者及业务流程之所以存在的理由。

因此，精益流程的设计必须以价值为导向，精确定义流程的目标，将实现目标过程中有价值的活动保留、无价值的活动尽量消除。知道什么是真正要做的事，什么是必要的，否则业务流程设计的方向几乎肯定会被扭曲。

**2. 重新思考**

业务流程管理的核心是"不连续的思想，是认识和打破日常操作中一些过时的条条框框和基本假设"。随着环境的变化及技术的进步，许多人们已经习以为常的技术、业务逻辑等方面的假设和限制条件已经不存在或发生了变化，新的业务流程设计必须抛弃这些过时的约束和限制。因此，必须首先对这些约束条件进行重新审查和评估，在新的约束条件下考虑达到目标的最有效业务流程。

特别值得强调的是，近年来，在新的工艺技术、新的物流装备、新的信息技术手段日新月异的背景下，需要认真研究是否存在全新的、甚至颠覆性的技术手段可以实现业务流程的目标。

因此，精益流程设计在确定流程的真正价值、目标，确定了要做的事之后，需要重新审视做事的约束条件,确保在经济可行的条件下,最大限度地利用各种可用的高效手段和方法。

**3. 识别价值流**

价值流是完成业务流程的目标和任务所必需的一组特定活动。价值流分析能够显示出业务流程中的三种活动:①明确能够创造价值的活动;②虽然不创造价值,但是在现有技术与生产条件下不可避免的活动;③不创造价值而且可以马上去掉的活动。识别价值流就是删除业务流程中的第三种活动,并且努力尽量减少第二种活动,最终追求的目标是业务流程中只有第一种活动。

从以上分析可以看出,精益流程追求的境界可以高度概括为:只做正确的事并且正确地做事。

## 2.3 流程化设施布局

精益布局是以精益流程理念为指导,通过在布局设计中消除人、机、料、法、环各个环节上的浪费,实现对企业最适宜的优化布局。

### 2.3.1 精益布局的总体原则

精益布局应遵循以下原则:

(1)整体优化原则。设计时应将对设施布置有影响的所有因素都考虑进去,以达到优化的方案。

(2)物料搬运费用最少原则。要便于物料的输入和产品、废料的输出,物料运输路线短,运输便捷,尽量避免运输的往返和交叉,尽量减少人工搬运。

(3)流动性原则。设施布置应使在制品在生产过程中流动顺畅,消除无谓停滞,力求生产流程连续化,减少在制品库存。

(4)柔性原则。应考虑各种因素变化可能带来的布置变更,以便于以后的扩展和调整。

(5)空间利用原则。生产区域或储存区域的空间安排,都应力求充分有效地利用空间。

(6)安全原则。布局应首先避免将工人置于不安全的工作环境,避免各种设备设施对工人人身安全造成危险。其次,应从人因工程学的角度,减轻工人作业疲劳,降低因长期不舒适工作造成职业损伤的危害。

有时这些原则相互矛盾。例如,对物料搬运费用最少这一原则,如果不实事求是,做出的布置可能违反柔性原则。因此,对上述任何一项原则,都不能无视其他原则而片面地应用。

### 2.3.2 工厂设施布局的基本类型

工厂设施布局的核心是产线布局。产线布局不应盲目追求流水线,而应该根据企业产品特征，采取适宜的方式。根据产品类别与产量的关系，产线布局有四种基本类型，如图 2-1 所示。

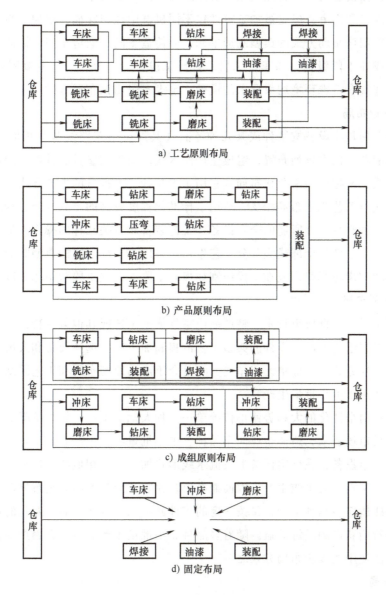

图 2-1　产线布局的基本类型

## 1. 工艺原则布局

工艺原则布局是按照生产产品的工艺流程来布置生产单元的方式，又称机群布局。在工艺专业化的每个生产单元内，布置着大致相同的生产设备，配备着大致相同工种的员工，各生产单元只完成产品加工过程的部分工艺加工任务，并且相互之间联系紧密。

根据工艺原则，同类设备和人员集中布置在一个区域，如按车床组、磨床组等分区，各类机床组之间也保持一定顺序，按照大多数零件的加工路线来排列。它适用于多品种、小批量的生产方式。

该布局方式按设备类型，将完成相似功能或活动的设备集中布置在一起，有利于减少设备投资，提高设备利用率；但是被加工零件在不同机群中迂回穿插，增加了搬运距离，降低了物流效率。采用该布局方式的典型制造单元，如铸造车间、锻造车间、机械加工车间、热处理车间等，或在工段级别，如车工工段、铣刨工段等。另外，一些受高噪声、粉尘、污染、高温或某些具有特殊环境约束要求的设备，也大多采用该布局方式。

**2. 产品原则布局**

产品原则布局是将设备按某种或某几种产品（其加工工艺路线基本相似）的加工工艺路线或加工装配顺序依次排列布置，组成生产流水线，使得大量且品种单一的产品迅速通过产线的布局方式，又称产品专业化布局。它用于少品种、大批量的生产方式。

该布局方式与工艺原则布局相反，适用于标准化程度较高的产品生产过程。该布局方式集中了为生产某种产品工件所需的全套设备、工艺装备和有关工种的操作人员，对相似的产品工件进行该产品工件的全部或大部分工艺生产。采用该布局方式的典型制造单元如发动机车间、底盘车间和齿轮车间，或在工段级别如齿轮工段、曲轴工段和箱体工段等。

**3. 成组原则布局**

成组原则布局是根据成组技术，将产品或零件依据工艺或其他某些特征上的相似性进行归类分组，再根据组内产品或零件的典型工艺流程和加工内容选择设备和人员，形成一个成组单元的设施布局方式，又称单元式布局。它是介于产品原则布局和工艺原则布局之间的一种布局方式，适用于中小批量生产。

需求逐步趋向个性化的大趋势使得传统单一品种大批量生产、靠批量降低成本的生产方式已经无法满足市场要求，迫使企业向多品种、中小批量混合生产方式变化。成组原则布局方式通过布置一组设备，在该组设备上按流水线形式加工一族相似的零件和产品，但从整个工厂的角度来说又不是流水线生产，因而兼有工艺原则布局和产品原则布局两者的优点，既有较大的柔性能适应多品种生产，又按一定的零件族组织，具有产品专业化的特征，能取得产品原则布局所能获得的经济效益。随着多品种、小批量生产的地位日趋重要，成组原则布局逐步成为广泛使用的设施布局方式之一。

**4. 固定布局**

固定布局是通常因为产品体积或重量庞大，所以将产品停留在一个地方，将所需生产设备移到要加工的产品处，而不是将产品移到设备处的布局方式，典型的如飞机、船舶的制造工厂。

固定布局在实际生产中具有一定的局限性，主要有三个方面：①场地空间有限；②不同的工作期，物料和人员需求不一样，给生产组织和管理带来较大困难；③物料需求量是动态的，因此生产设施一般不采用固定布置，即使采用，也尽量将在加工对象先期分割，零部件标准化，尽可能分散在其他位置和车间批量生产，以降低生产组织管理难度。

以上四种方式的优缺点如表 2-2 所示。

表 2-2 四种产线布局方式的优缺点

| 布局方式 | 优点 | 缺点 |
| --- | --- | --- |
| 工艺原则布局 | 1）一般采用通用设备，投资成本低<br>2）系统可靠性高，单台设备可靠性要求低<br>3）设备和人员柔性高，能满足多样化的产品与工艺要求<br>4）人员作业多样化，工作兴趣和职业满足感强 | 1）流程较长，搬运路线不确定，物料搬运成本高<br>2）生产计划与控制复杂、难度大<br>3）生产周期长<br>4）在制品库存量相对较大<br>5）操作人员从事多种作业，需要较高技术等级，人员调度协调复杂 |
| 产品原则布局 | 1）符合工艺，物流顺畅，物料搬运工作量少<br>2）工序衔接紧密，在制品存放量少<br>3）生产周期短<br>4）生产计划简单<br>5）常采用专用设备和机械化、自动化搬运方法<br>6）作业专业化，人员技术要求低 | 1）一旦出现故障会造成生产线全线中断<br>2）柔性低，产品设计变化将引起布局的重大调整<br>3）产线速度取决于最慢的设备<br>4）相对投资较大<br>5）重复作业，单调乏味<br>6）维修和保养费用高 |
| 成组原则布局 | 1）设备利用率高<br>2）流程通顺，运距较短，搬运量少<br>3）利于发挥班组合作精神<br>4）利于扩展工人作业技能<br>5）有利于缩短生产准备时间<br>6）兼有产品原则布局和工艺原则布局的优点 | 1）需较高生产控制水平<br>2）需中间储存，增加了单元间的物料搬运<br>3）需掌握所有作业技能<br>4）减少了使用专用设备的机会<br>5）兼有产品原则布局和工艺原则布局的缺点 |
| 固定布局 | 1）物料移动少<br>2）当采用班组方式时，可提高作业连续性<br>3）有利于提高质量，因为班组可以完成全部作业<br>4）高度柔性，可适应产品和产量的变化 | 1）人员和设备移动增加<br>2）设备需要重复配置<br>3）工人需要较高的技能<br>4）增加了面积和工间储存<br>5）生产计划要加强控制协调 |

## 2.3.3 系统化设施布局方法

工厂布局的方法和技术一直是工业工程领域不断探索的问题。在众多的布局方法中，以理查德·缪瑟（Richard Muther）提出的系统布局设计（Systematic Layout Planning，SLP）影响力最大、应用最为普遍。

SLP 是一种系统化、结构化的设施布局方法。它通过分析和综合各种影响因素，优化设施内部和外部的布局，以提高空间利用效率，减少物料搬运成本，并增强整体工作流程的顺畅性。SLP 的基本程序如图 2-2 所示。

**1. 基本要素分析**

在进行布局规划之前，必须收集和分析基本要素的数据和信息。这些基本要素包括：

（1）产品 P，指所设计的工厂将生产的产品。它通常由生产纲领和产品设计提供，包括产品的种类、型号和特征等。

（2）产量 Q，指工厂所生产的产品数量，即每一种产品要制造多少。这一要素影响设施规模、设备数量、运输量和建筑物面积等方面。

（3）工艺流程 R，指产品生产的工艺流程。这一要素影响各作业单位之间的关系、物

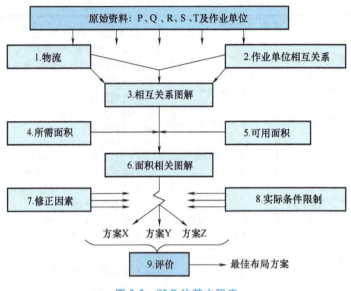

图 2-2 SLP 的基本程序

料搬运路线、仓库及堆放地的位置等方面。

（4）辅助服务部门 S，指除生产之外公用的、附属的有关作业单位或职能部门，这些部门是生产的支持系统。辅助服务部门包括维护、机修、工具室、车间办公室、收货及发运区等。一般来讲，储存场地也作为辅助部门的一部分。辅助服务部门的面积加在一起，常常比生产部门本身所占的面积还要大，所以必须给予足够的重视。

（5）时间 T，指在什么时候、用多长时间生产出产品，包括各工序的操作时间及更换批量的次数。有了生产工序的操作时间，就能求出需要多少台某种设备，从而求出需要多少面积、人员，以及平衡各个工序。

P、Q 两个基本要素是一切其他特征或条件的基础。只有在对上述各要素进行充分调查研究并取得全面、准确的各项原始数据的基础上，通过绘制各种表格、数学和图形模型，有条理地细致分析和计算，才能最终求得设施布局的最佳方案。

**2. 物流分析与作业单位相互关系分析**

在设施布局中，各设施的相对位置由设施之间的相互关系决定。对某些工厂来说，当物料移动是工艺过程的主要部分时，如一般的机械制造厂，物流分析是布局设计中最重要的方面；对某些辅助服务部门或某些物流量小的工厂来说，各作业单位之间的相互关系（非物流关系）对布局设计就显得更重要了；介于上述两者之间的情况，则需要综合考虑作业单位之间物流与非物流的相互关系。

物流分析的结果可以用物流强度等级来表示。为了简单起见，SLP 将物流强度转化为五个等级，用符号 A、E、I、O、U 表示，分别对应超高物流强度、特高物流强度、较大物流强度、一般物流强度和可忽略搬运五种物流状况。作业单位之间的物流强度等级，应按物流路线比例或承担的物流量来确定，并最终将其相互物料强度转换为物流相关表。非物流的作业单位之间的相互关系可以用量化的关系密级及相互关系表来表示。在需要综合考虑作业单位之间物流与非物流的相互关系时，可以采用简单加权的方法将物流相关表及作业单位之间相互关系表综合成综合相互关系表。图 2-3 所示为某厂的各作业单位之间相互关系表。

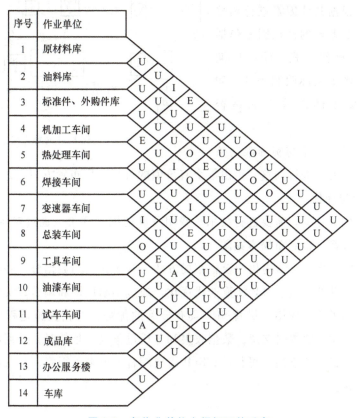

图 2-3　各作业单位之间相互关系表

**3. 绘制作业单位位置相关图**

根据物流相关表与作业单位相互关系表，考虑每对作业单位之间相互关系等级的高低，决定两个作业单位相对位置的远近，得出各作业单位之间的相对位置关系。这时并未考虑各作业单位具体的占地面积，得到的仅是作业单位的相对位置，称为位置相关图。图 2-4 所示为某总装厂的作业单位位置相关图。

**4. 作业单位占地面积计算**

各作业单位所需占地面积与设备、人员、通道及辅助装置等有关，计算出的面积应与可用面积相适应。

**5. 绘制作业单位面积相关图**

把各作业单位占地面积附加到作业单位位置相关图上，就形成了作业单位面积相关图。图 2-5 所示为某总装厂的作业单

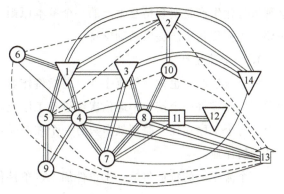

图 2-4　作业单位位置相关图

位面积相关图。

**6. 修正**

作业单位面积相关图只是一个原始布局图，还需要根据其他因素进行调整与修正。此时需要考虑的修正因素包括物料搬运方式、操作方式、储存周期等，同时还需要考虑实际限制条件，如成本、安全和职工倾向等方面是否允许。

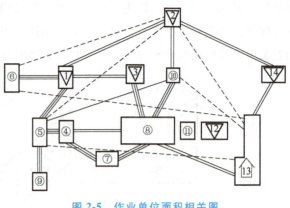

图 2-5　作业单位面积相关图

考虑了各种修正因素与实际限制条件以后，对面积相关图进行调整，得出数个有价值的可行工厂布置方案。

**7. 方案评价与择优**

针对得到的数个方案，需要进行技术、费用及其他因素评价，通过对各方案比较评价，选出或修正设计方案，得到布局方案图。

SLP 作为一种系统化、结构化的设施布局方法，基于详细的数据分析并综合考虑各个因素，是一种数据驱动的方法。SLP 注重迭代优化，通过不断反馈和调整，实现布局方案的持续改进，因此得到了广泛应用。尽管 SLP 具有显著的优势，但在实施过程中也面临一些挑战：SLP 需要大量详细的数据支持，数据收集和分析过程复杂且耗时；数据的准确性和全面性直接影响布局方案的科学性和可行性；SLP 需要综合考虑多种因素，涉及面广，容易出现协调和权衡的难题。

## 2.4　一个流生产与生产线布局

精益生产的一个核心理念是尽量减少工序间的在制品数量，甚至达到接近零的状态。这意味着前一道工序一旦完成，工件立即进入下一道工序，形成一种连续无间断的生产流程。这种流程化生产是实现精益生产的一个基本原则。因此，精益布局设计应按照流程化生产的需要，为流程化生产提供基础支持。

**1. 一个流生产**

一个流生产，也称一件流生产，是指将作业场地、人员和设备合理配置，按照一定的作业顺序，使零件一个接一个地依次经过各工序设备进行加工和移动，做到每加工一个就传送一个，每个工序在任一时刻最多只有一个在制品或成品，从生产开始到完成，全程没有在制品的周转作业。

一个流生产的特征包括：①单件加工、单件传送、单件检查，而不是批量处理；②作业人员跟随在制品移动，进行多工序操作。工厂内各生产线之间也采用一个流的同步生产方式，这样整个工厂就像被一条"看不见的传送带"连接起来，各个工序和生产线无缝衔接，形成一个整体化的"一个流生产"。

**2. U形生产线布局**

U形生产线布局是指按照加工顺序逆时针排列生产线，使生产流程的出口和入口尽可能靠近，因其形状类似英文字母"U"而得名。典型的U形生产线布局如图2-6所示。

相比传统的直线形生产线布局，U形生产线布局减少了操作工人在多台设备间的"步行浪费"，降低了劳动强度，同时便于人员的灵活调整。U形生产线布局减少步行浪费

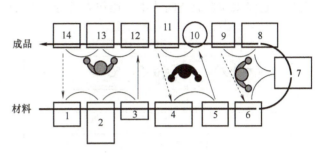

图2-6 典型的U形生产线布局

和工作站数量，从而缩短生产周期、提高效率，减少操作人员数量、降低成本。U形生产线布局目前被广泛认为是最高效的生产线布局方法，显著提高了现场布局的精益水平。

U形生产线具有以下特征：

（1）根据生产需求调整工人人数。当产量增加时，增加操作人员；当产量减少时，减少操作人员，但前提是操作人员能够操作多种工序。

（2）便于团队协作，提高整条生产线的效率。

（3）行走距离最短，每名操作人员操作的多工序形成一个圆形，第一道工序和最后一道工序相邻。

（4）逆时针布置，便于操作人员在生产线内移动部件时使用右手进行操作。

在实际生产中，可以根据场地、设备及资源的情况，将生产线设计成C形、L形、S形、M形或V形等，这些都是U形生产线布局的变形，均遵循一个流的精益思想。

**3. 一笔画的整体工厂布局**

一笔画的布置目的是实现工厂整体流程化。工厂整体生产线布局使得生产流程像一笔画下去一样，连续不中断。对于一个工厂来说，通常有多条生产线，并且工序上前后衔接。因此，从流程化的角度出发，工厂的各条生产线布局应考虑整体的连续性，避免将单独的生产线布置在独立的房间内。工厂布局的基本做法是打破各条生产线的隔离界限，进行集中布置。

其具体步骤如下：

（1）将机群布局改为流程式布局，同时尽可能设立更多的生产线。虽然每条生产线的产量较小，但每个产品在每条生产线上都能迅速完成加工，缩短流程时间，形成"细流而快"的模式，能更好地满足多品种、小批量和短交货期的市场需求。

（2）采用U形生产线。流程式布局强调根据生产工艺顺序布置设备，为实现弹性生产，应尽量采用U形生产线。

（3）将长屋形生产线变为大通铺式生产线。为了有效利用空间，及时发现问题，便于相互合作，必须将长屋形生产线（即单独隔离生产线）改为大通铺式生产线（即生产线集中布局），如图2-7所示。为实现这一点，必须减少各生产线的在制品数量，减少堆积空间，这样才能在有限空间内容纳更多的生产线。因此，物料供应方式也应改为逐组逐套供料，以避免物料过多供应造成空间狭小、操作人员行动不便的问题。

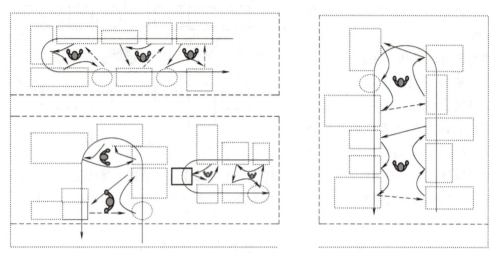

图 2-7　大通铺式生产线

**复习思考题**

1. 对当前普遍存在的多品种小批量生产类型的企业，如何确定其生产纲领？
2. 精益流程设计应遵循的核心思想是什么？
3. 精益布局的总体原则是什么？
4. 工厂设施布局的基本类型有哪几种？
5. 生产线布局的总体思路是什么？

# 第 3 章

# 制造执行系统

## 3.1 MES 的概念与内涵

在制造企业向自动化、信息化发展的过程中,由于能够大幅提高设备的生产效率、提升产品质量,自动化技术首先得到了广泛重视和应用。而在企业经营管理层面,在 20 世纪 80 年代,随着计算机技术的发展,形成了一个集采购、库存、生产、销售、财务等为一体的企业经营生产管理信息系统——MRP Ⅱ。但在二者之间存在一个显著的断层,即车间层面的管理和控制。针对此问题,美国先进制造研究机构(AMR)于 1990 年首次提出了制造执行系统(Manufacturing Execution System,MES)的概念,并得到了广泛关注和重视。

不同的研究机构从不同的角度对 MES 的概念和内涵进行了解释。

AMR 将 MES 定义为"位于上层计划管理系统与底层工业控制之间、面向车间层的管理信息系统"。它为操作人员、管理人员提供计划的执行、跟踪,以及所有资源(人、设备、物料、客户需求等)的当前状态信息。

MES 国际联合会(Manufacturing Enterprise Solution Association International,MESA International)认为,MES 提供信息使得从订单启动到成品的生产活动整个过程的优化成为可能。使用当前、准确的数据,MES 指导、启动、响应和报告工厂活动。由此产生的对变更的快速响应,聚焦于减少非增值活动,推动了工厂经营和工作过程的效率。MES 提高了资产投资回报率、准时交货率、库存周转速度、毛利率和现金流表现。它通过双向通信提供生产活动的关键信息。

在我国 GB/T 25485—2010《工业自动化系统与集成 制造执行系统功能体系结构》中,MES 被定义为是针对企业整个生产制造过程进行管理和优化的集成运行系统。它在从接受订单开始到制成最终产品的全部时间范围内,采集各种数据信息和状态信息,与上层业务计划层和底层过程控制层进行信息交互,通过整个企业的信息流来支撑企业的信息集成,实现对工厂的全部生产过程进行优化管理。MES 提供实时收集生产过程数据的功能,当工厂发生事件时,MES 能够及时做出反应、报告,并使用当前的准确数据对其进行指导和处理。这种对事件的迅速响应使得 MES 能够减少企业内部无附加值的活动,有效指导工厂的生产运作过程,既能提高工厂的及时交货能力、改善物料的流通性能,又能提高生产回报率。

综合以上定义,可以看出,MES 主要具有以下特征:

(1) MES 定位于车间层级的业务管理。

(2) MES 关注生产执行过程的管理,关注车间生产现场信息的实时性,关注对现成问题的准确分析和及时处理。

(3) MES 面向从订单到成品交付的全流程,追求生产制造全流程的管理和优化。

## 3.2 MES 的定位与功能模型

### 3.2.1 MES 的定位

MES 重点解决生产执行层的生产管理问题。图 3-1 直观说明了 MES 在制造过程中的定位。

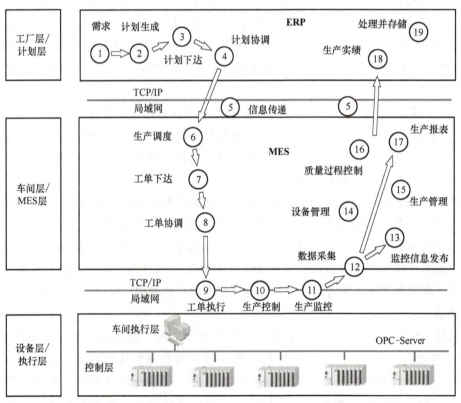

图 3-1 工厂一般性业务流程与 MES 在制造过程中的定位

## 3.2.2 MES 的功能模型

根据其概念与定位，MES 国际联合会在 1997 年发布的系列 MES 白皮书中定义了 MES 的功能模型及其在制造业信息系统中的定位，如图 3-2 所示。

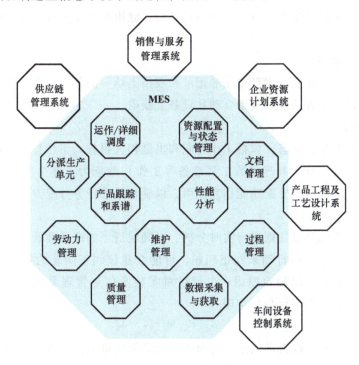

图 3-2 MES 国际联合会定义的 MES 功能模型

该模型定义了 MES 的 11 项功能：

**1. 资源配置与状态管理**

管理机床、工具、人员、物料，以及其他设备和生产实体，以保证正常的生产；还要提供资源使用情况的历史记录，确保设备能够正确设置和运转，以提供实时的状态信息；对这些资源的管理还包括为了满足作业排程计划目标对其所有的预定和调度。

**2. 运作/详细调度**

在具体生产单元中，根据相关的优先级、属性、特征及配方提供作业排程功能。例如，当根据形状和其他特征对颜色顺序进行合理排序时，可最大限度缩短生产过程的准备时间。但这个调度功能的能力有限，它主要是通过识别替代性、重叠性或并行性操作来准确计算出时间、设备上下料，以做出相应调整来适应变化。

**3. 分派生产单元**

管理生产单元的流动，包括工作、订单、批次、批量和工作指令。调度信息按照需要完成的工作顺序显示，并且随着工厂现场事件的发生而实时变化。分派生产单元功能具有变更车间已制订的生产计划的能力，还可以对返修和废品进行处理，以及用缓冲区管理的方法控制任意位置的在制品数量。

**4. 文档管理**

管理生产单元有关的记录和表格，包括工作指导书、配方、图样、标准工艺规程、零件的数控加工程序、批量加工记录、工程更改通知及班次间的交接信息，并提供"按计划"和"按建成"编辑信息的功能。它可以将各种指令下达给操作层，包括向操作者提供操作数据或向设备控制层提供生产配方；还包括对环境、健康和安全法规以及 ISO 等方面信息的管理。

**5. 数据采集与获取**

通过数据采集接口来获取生产单元的记录和表格上填写的各种作业生产数据和参数，这些数据可从车间以手工方式录入或者自动从设备上获取。

**6. 劳动力管理**

实时提供人员的最新状态，包括工作时间和出勤相关报告，工作技能认证信息管理，以及管理间接生产活动（如物料准备或工具准备等工作）的能力，作为基于活动的成本计算的基础。该功能可以与资源分配功能相互作用，以确定最佳任务分配方案。

**7. 质量管理**

对从生产中收集的测量数据进行实时分析，以确保适当的产品质量控制，并确定需要注意的问题。它可以建议采取行动来纠正问题，可能会建议纠正问题的措施，包括将各种迹象、措施和结果联系起来以确定原因；也可以对实验室信息管理系统（LIMS）中的 SPC/SQC 跟踪和离线检验操作进行分析管理。

**8. 过程管理**

监控生产过程，并可以自动纠正或为操作人员提供决策支持，以纠正和改进正在进行的活动。这些活动可以是内部操作的，专门关注被监控和控制的机器或设备，也可以是相互操作的，跟踪从一个操作到下一个操作的过程。它可能包括警报管理，以确保工厂人员意识到超出可接受公差的工艺变化。它通过数据收集/采集实现了智能设备与 MES 之间的连接。

**9. 维护管理**

跟踪和指导作业活动，维护设备和工具以确保它们正常运行并安排进行定期检修，以及对突发问题及时响应或报警；同时还保留了以往的维修记录和问题，以帮助技术人员进行问题诊断。

**10. 产品跟踪和系谱**

提供工件在任何时刻的位置和状态信息。其状态信息包括进行该工作的人员信息，以及按供应商划分的组成物料、生产批号、序列号、当前生产条件、警告、返工或产品相关的异常信息。在线跟踪可创建一个历史记录，用以追溯每个最终产品的组件和使用情况。

**11. 性能分析**

提供最新的实际生产运行结果报告，并与过去的记录和预期的业务结果进行比较。性能结果包括诸如资源利用、资源可用性、产品单位周期、进度符合度和绩效达标情况等测量指标。利用从不同功能（可能包括 SPC/SQL）收集的信息来测量操作参数，这些结果可以作为一份报告或作为当前的绩效评估在线呈现。

这 11 项功能提供了运营几乎任何类型的工厂所需的核心信息。经营者对工厂运行性能进行跟踪、管理和分析所需要的内容都可以从 MES 的各项功能中获得。

### 3.2.3　MES 与其他信息系统的交互

从图 3-2 可以看出，MES 与工厂的运营层管理软件、控制层管理软件存在交互。通常，MES 为其他系统提供以下信息：

（1）ERP 系统。ERP 系统依赖 MES 提供工厂的"实际数据"，如成本、节拍、产量和其他生产绩效数据。

（2）供应链管理系统。供应链管理系统可从 MES 中获取有关实际订单状态、生产能力和班次制约因素等。

（3）销售与服务管理系统。该系统需要从 MES 中获得某个时刻车间的实际生产情况，以便进行报价和确保准时交付。

（4）产品工程及工艺设计系统。该系统根据 MES 测量的产品良率和质量，对产品和工艺进行微调和优化。

（5）车间设备控制系统。该系统可以从 MES 中获取生产指令，确保整个生产设备运行状态处于最优。

MES 也从这些信息系统获取数据，确保来自其他系统的信息在制造过程中被准确地传达和执行。例如，企业资源计划（ERP）的计划为 MES 的详细调度提供输入；供应链管理系统的主计划驱动制造过程的进度安排；销售与服务管理系统为生产提供初始的订单信息；产品工程及工艺设计系统驱动作业指导书、工艺参数和操作参数等；来自车间设备控制系统的数据可用于评估自动化流程中发生变化时的实际性能和运行条件。

显然，MES 与这些系统也有部分功能模块重叠，但其功能仍然有差别。MES 通常更关注工厂范围内的生产系统性能，并具有更深层次的操作优化功能。MES 的功能主要是为运营人员直接访问而设计的，从车间主任到物料主管、设备主管、质量主管、计划员以及操作员工，这些人特别关注制造系统的效率；各个软件系统的定位不一样，核心用户群也不一样。例如，ERP 系统中的车间控制系统通常主要用于获取物料信息以便记账，MES 获取同样的车间数据，但通常用于分析车间级的制造系统效率；车间设备控制系统中的数据采集功能通常旨在改善单个自动化单元或生产线，而在 MES 中，该功能更多地旨在分析该单元或生产线如何有效地促进整体车间绩效提升。

MES 的作用是记录车间实际发生的和应该发生的生产活动，从全局俯瞰生产活动全景，从而能够评价车间的整体效率。

## 3.3　从 MES 到制造运行管理

一方面，信息技术的发展使 MES 的管控范围扩展成为可能；另一方面，对制造系统的整体控制和优化的不断追求，也促使 MES 的应用范围不断扩大。为了进一步规范和促进 MES 的发展，国际自动化协会制定了 ISA-95 标准，围绕生产制造活动的管控，将"制造执行"进一步扩展到"制造运行管理（Manufacturing Operations Management）"，即 MOM 系统。

MOM 系统的活动就是那些协调人员、设备、物料和能源，把全部和/或部分原料转化为产品的活动。ISA-95 标准将这些活动的管理归结为生产运行管理、质量运行管理、库存运行管理和维护运行管理四个方面，如图 3-3 所示。可以看出，之前的 MES 主要聚焦于生产运行管理领域，而 MOM 系统则进一步将管控范围扩展到库存、质量和维护运行管理领域。

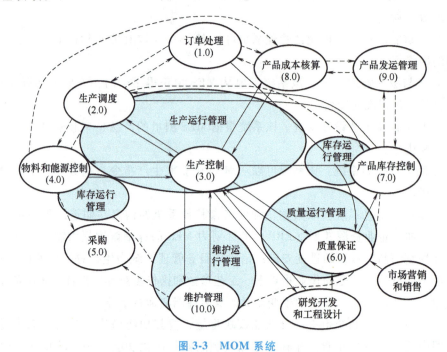

图 3-3  MOM 系统

## 3.3.1  生产运行管理

生产运行管理面向生产的产品如何描述、生产所需的各项资料能力如何定义、生产的具体操作如何安排、生产的绩效如何评价等四个问题，ISA-95 标准将生产运行管理分解为八项具体的管理活动，如图 3-4 所示。

**1. 产品定义管理**

所谓产品定义，是指制造一个产品所需的人员、设备、实物资产、物料资源、生产规则和调度的相关信息，包括对物料清单、产品生产工艺和资源清单的参考引用。产品定义管理即定义和管理制造出一个产品所需要的一切必要的信息，包括用于指导制造工作怎么生产产品的信息。

**2. 生产资源管理**

生产资源是各类人员、设备、工具、物料和其他资源。生产资源管理即一系列有关生产运行所必需的资源相关信息的管理活动，特别是各类资源在各个时间点上的可用性信息。

**3. 详细生产调度**

详细生产调度是指根据上层生产订单、主生产计划等输入信息，安排生产进度，并且使

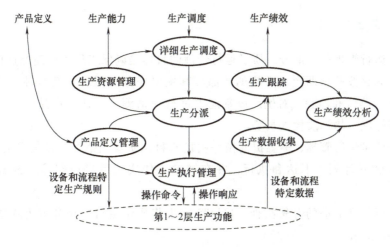

图 3-4 生产运行管理活动模型

生产资源得到最佳利用。这里的进度安排通常是指工序级的安排，需要考虑有限产能，考虑人员、设备、物料的状态。

**4. 生产分派**

生产分派即以工单或者生产任务单等形式将生产指令下达到相关人员和设备。生产指令通常来自详细生产调度的输出，不仅包括常规的生产指令的下达，也包括各种原因导致的额外增补、返工、取消、变更等生产指令的下达。

**5. 生产执行管理**

生产执行管理即生成分派所下达指令的具体执行。它包括根据生产工序顺序的要求合理安排待生产工件/产品的开工、搬运等；同时，需要对诸如实际物料消耗、实际生产时间、每道工序的产出量和废料等情况进行收集和统计。应保持任何时候、任何在制品及其数量和位置信息、生产指令的状态等信息都是可见的、透明的。

**6. 生产跟踪**

生产跟踪即对生产执行的具体情况进行跟踪，总结和汇报关于产品生产中人员和设备的实际使用、物料消耗、产出信息，以及其他诸如成本和绩效分析相关的生产数据信息。在某些场景下，需要对生产信息进行分割和合并，如将一批零件分为两批，或者将两批零件合并成一批处理等。

**7. 生产数据收集**

生产数据收集即针对某些工艺环节、生产要求，收集、处理和管理生产活动中的数据，如生产设备的状态参数值、生产工艺控制参数的实际值、产品产量和废品数量等各种需要关注的数据等。生产数据可以通过各种传感器、设备接口自动读取，或者通过扫码、人工方式输入等进行收集。

**8. 生产绩效分析**

生产绩效分析即对生产活动的各类绩效指标进行分析和汇报，如生产周期、产品合格率、设备利用率等，以便进行生产和资源利用的优化。

## 3.3.2 质量运行管理

作为制造运行管理的一部分,质量运行管理的目标是确保工厂生产制造过程中的质量受控,从而确保能够按照预期产出合格的产品。其主要任务包括对各类物料(原材料、半成品、产品)进行测试和检验、对生产设备能力进行评估测量、认证产品质量、制定质量标准、制定质控标准、培训质检人员等。

为了做好质量运行管理,需要提前做好质量资料、质量规范等基础信息的规范化管理,在日常维护中做好计划、下达和执行,并在维护工作实施后进行跟踪、数据收集和评估工作。

与生产运行管理活动的分解类似,ISA-95 标准将质量运行管理分解为八项具体的管理活动,如图 3-5 所示。

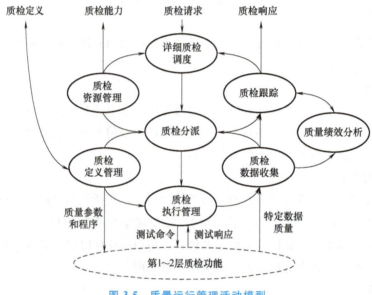

图 3-5 质量运行管理活动模型

**1. 质检定义管理**

质检定义管理即确定和管理进行质检所需的人员资格、质检程序和工作指导书等技术资料。

**2. 质检资源管理**

质检资源管理是指对开展质检工作所需的人员、设备、物料等资源的管理。

**3. 详细质检调度**

详细质检调度即制订详细的质检计划,根据生产进度和质检资源确定质检人员、质检时间、检验批次和抽检数量等。

**4. 质检分派**

质检分派即将质检计划下达至各个质检工位,通知工位执行质检任务的内容、时间等。

**5. 质检执行管理**

质检执行管理即按照事先确定的质检标准对原料、半成品及成品进行检验,获取质检数据,并对比判定标准判断是否合格。检验可以是生产线上的在线检测,也可以是离线检测。

**6. 质检数据收集**

质检数据收集即通过手工录入或直接从设备以自动、半自动方式获取并保存质检数据。

**7. 质检跟踪**

质检跟踪是指针对质检的结果,跟踪后续应当采取的措施和应对方案,并将这些应对措施和方案传递给相关人员;也包括将质检结果反馈给 ERP 等运营管理系统,以支持后者进行更精确的决策。

**8. 质量绩效分析**

质量绩效分析以改善产品质量为目的,分析质检数据,分析关键质量指标变化趋势,查找质量问题的原因;也包括对质检工作本身绩效的分析,以及对质检过程中涉及的质检人员、质检仪器设备、物料等资源使用情况的追溯。

## 3.3.3 库存运行管理

库存运行管理即物料管理。工厂对物料的管理可以归为六个方面:物料接收、物料存储、物料搬运、物料加工或转换、物料测试和物料发运。在 MES 层面,重点关注物料在车间内部的转移和使用,针对物料的转移和使用情况进行管理。

ISA-95 标准将库存运行管理分解为八项具体的管理活动,如图 3-6 所示。

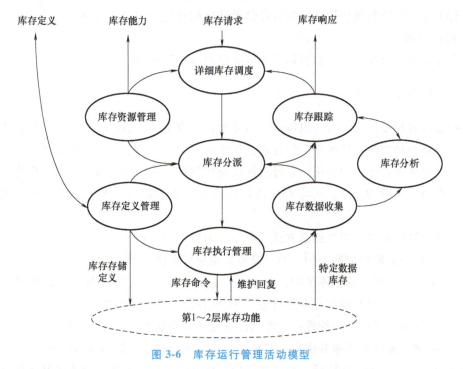

图 3-6 库存运行管理活动模型

**1. 库存定义管理**

库存定义管理是指对与物料移动和存储相关的规则和信息的管理。这些规则和信息是库存管理的必备基础信息,如某种类型物料的环境要求、存储位置的规则、物料存储容器选择的规则以及物料的保质期限等。

**2. 库存资源管理**

库存资源管理即对物料存储和搬运所需的人员、运输设备、存储设备、物料等资源的管理。

**3. 详细库存调度**

详细库存调度即依据物料使用要求,安排详细的物料搬运方案。比如,安排和优化托盘装载、优化仓库拣货顺序、安排物料搬运设备(如叉车)、制定详细的物料运送时间进度表等活动。

**4. 库存分派**

库存分派即依据详细库存调度输出的方案,将库存工作指令分配和发送给适当的人和设备。

**5. 库存执行管理**

库存执行管理即根据库存工作指令的内容,指导库存工作的执行。

**6. 库存数据收集**

库存数据收集即收集和汇报库存操作和物料处理的数据。

**7. 库存跟踪**

库存跟踪是管理有关库存请求的信息,并报告有关库存操作的情况,即对物料搬运的全流程进行跟踪,对物料搬运活动、物料存储活动的信息进行记录和更新。

**8. 库存分析**

库存分析即分析库存效率和资源使用情况以改善库存运行。

## 3.3.4 维护运行管理

维护运行管理可以定义为一组协调、指导和跟踪设备、工具以及相关资产维护工作的活动。设备设施的维护运行管理是工厂管理工作中的一项重要内容,对保障设备的正常运转和工厂的生产效率有着重要的作用。通过做好设备的维护保养、运行数据分析、操作人员培训以及设备更新等方面的工作,可以有效地保障设备的正常运行,提高工厂的生产效率和竞争力。

设备设施维护根据不同的启动方式,可以分为以下四类:

1)基于设备故障响应的维护,即当设备发生故障后进行维护。

2)基于时间或周期的循环维护,即每隔一定的时间(如每周、每月、每年等)进行维护,或者每隔一定的周期(如设备累计生产1000件产品等)进行维护。

3)基于设备状态的预防性维护,即当设备处于某种状态、工况后进行维护。

4)资源运行绩效和效率的优化,即对生产设备进行优化以提高运行效率。

为了做好设备维护运行管理,需要在维护前做好设备资料、维护规范等基础信息的规范化管理,清楚地了解开展维护工作可以使用的资源及其状态,在日常维护中做好计划、下达和执行,并在维护工作实施后进行跟踪、数据收集和评估工作。ISA-95标准将维护运行管理分解为八项具体的管理活动,如图3-7所示。

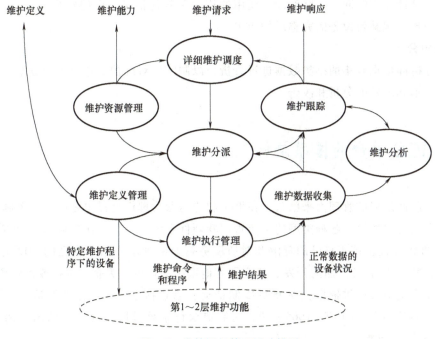

图 3-7 维护运行管理活动模型

**1. 维护定义管理**

维护定义管理是指对设备基础资料、维护管理规范等基础信息的管理。这些信息是开展维护工作的基础必备信息。

**2. 维护资源管理**

维护资源管理是指对开展设备维护工作所需要的人员、工具、设备、物料等资源的管理。

**3. 详细维护调度**

详细维护调度是指根据来自设备现场的维护请求，或者根据维护计划，并考虑到可用的维护人员、设备、工具、物料等资源，制定详细的维护调度方案，确定维护工作的执行主体及执行时间等。

**4. 维护分派**

维护分派与生产运行管理中的生产分派类似，即以工单或者维护任务单等形式将维护工作指令下达到相关维护人员和设备。

**5. 维护执行管理**

维护执行管理是对维护执行过程进行指导和管理，确保维护工作正常执行，维护记录正常填写，现场异常得到合理处置等。

**6. 维护跟踪**

维护跟踪即对维护执行的具体情况进行跟踪，管理维护工作开展时所使用的各种设备等资源的利用率、维护工作的效果，也包括对设备状态信息及其他相关信息进行记录。

**7. 维护数据收集**

维护数据收集即收集维护任务执行的相关信息，包括当前状态、所需时间、开始时间、当前时间、预计完成时间、实际时间、使用的资源及其他信息,以便对相关信息进行汇总,并可以进一步呈现某台设备的完整维护历史。

**8. 维护分析**

维护分析即依据收集的维护数据进行分析,以制定针对维护工作改进的方案,特别是维护工作的成本和绩效的分析和改善。

## 3.4 MES 平台的体系结构

对工厂制造过程的管理由来已久。在 ISA 制造运营管理模型提出之前,各个制造工厂基于自身管理的需要建设了各种类型的生产管理软硬件系统,可以看作单点的 MES 功能模块。各 MES 软件供应商也基于自己的理解和对所服务行业的理解提出了自己的 MES 软件框架。为了指导离散 MES 软件产品的开发、选型及其他系统的集成,为企业选择或评价离散 MES、系统实施和系统集成提供依据,在 ISA-95 制造运营管理模型对工厂生产制造活动管控范围和内容要求的基础上,GB/T 41665—2022《制造执行系统模块化框架》给出了离散型制造工厂 MES 架构和功能组成。

在离散型智能工厂中的 MES 平台架构基于安全性、可靠性、集成性、扩展性和可管理性多方面的考虑,确保系统未来能够持续发展。MES 平台的体系结构由五层结构组成:信息物理融合层、数据层、数据访问层、业务层和应用层。MES 平台的体系结构如图 3-8 所示。

(1) 信息物理融合层。信息物理融合层主要实现数据采集功能。利用物联网技术(RFID 读写器、RFID 标签、视频监控等),将"感知"扩展到设备、在制品、人,实现对车间制造执行系统需要的实时数据的监控与管理;利用车间自动化设备自身的接口,如 PLC、DNC,以及传感器自动获取温度、湿度、压力、位移、振动等数据;通过人工参与手段,采用 PDA、条码、触摸屏看板等人机交互设施,将现场反馈数据录入系统,借助网络将数据传递到数据层,实现数据保存、筛选,满足生产过程跟踪和管理需要。

(2) 数据层。数据层为 MES 平台提供可供访问的有用数据,数据可来自数据库、数据文件,也可通过数据接口获取第三方系统。数据层管理系统涉及的所有数据,是系统平台的重要基础。

(3) 数据访问层。数据访问层为 MES 平台提供数据访问接口,向上屏蔽数据来源,向下实现对多类型设备及第三方数据等资源的有效访问。

(4) 业务层。业务层实现 MES 平台的所有业务逻辑功能,将访问数据的需求下发给数据访问层,将业务要展示内容提供给应用层显示。业务层是系统平台的重要组成部分,它包括四个主要部分,分别为 MES 构件库、构件配置器、MES 功能模块以及 MES 集成输出数据接口。通用构件由与业务无关的基础构件组成,提供基础的设施服务、平台无关服务、业务无关服务等。它是业务构件的基础,能提高业务构件和系统搭建的效率。业务构件是实现某一特定业务逻辑的系列化构件,封装了系统的共性需求和变化性需求,体现系统的业务对象

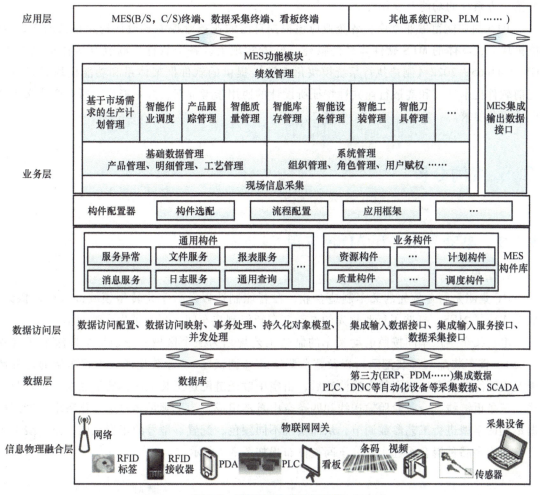

图 3-8 MES 平台的体系结构

或者业务流程。各个层次业务构件组装构成系统需要的业务功能,业务构件基本可以独立实现某一方面的业务功能。构件库提供设计人员和实施人员结合具体企业特点,通过系统平台选配出符合实际需要的通用构件和业务构件,达到搭建满足具体需求系统的目的。构件配置器则提供了利用构建配置满足客户需要的系统的功能。MES 平台通过系统平台及构件库组合,快速搭建出满足应用单位需要的制造执行系统功能模块,功能模块可由基础数据管理、系统管理、生产计划管理、智能作业调度、产品跟踪管理、智能质量管理、智能库存管理、智能设备管理、智能工装管理、智能刀具管理现场信息采集、绩效管理等组成。MES 集成输出数据服务接口主要涉及向第三方系统提供所需要的 MES 数据,将 MES 数据采用统一的服务接口形式提供给第三方软件(ERP、PLC、DNC、CRM 等),方便第三方系统获取 MES 数据。

(5)应用层。应用层应由两部分组成:MES 展示界面及第三方系统展示界面。MES 展示界面作为 MES 平台用户界面,是用户与系统的友好交互窗口。业务层通过应用层向用户展示其所提供的功能,系统及时响应用户操作,返回业务操作的结果。第三方系统(ERP、PLM 等)可通过系统集成获取 MES 数据,快捷地应用和展示系统所需的 MES 数据信息,提升第三方系统的功能及易用性。

MES 的功能范围非常广，各企业应该根据自己的业务管控需求设计构建自己的 MES 功能模块。在具体的 MES 软件体系的搭建、开发实现上，各个软件厂商也有多种实现方式。GB/T 41665—2022《制造执行系统模块化框架》提供的软件框架体系和功能模块只是基于当前软件技术进展和离散行业共性特征所设计的通用参考框架，并不能作为所有企业必须遵照的强制要求。

## 3.5 案例分析

### 3.5.1 电动叉车工厂 MES 应用

**1. 背景**

HC 集团是行业领先的叉车制造企业，在智能制造以及数字化转型领域进行深入探索，成功实施了 MES，打造了行业领先的电动叉车智能制造车间，提升了生产管理水平。

电动叉车生产车间按照电动叉车的制造工艺规划为三个区域，分别是车架涂装区（喷粉线）、整车装配区（装配区）以及整车调试区（调试区）。涂装生产线承担车架的抛丸清理及表面涂装任务，当车架完成涂装后，由空中输送链配送至装配区，装配区由一条预装环线、三条板链线、一条轮胎输送线和四条空中悬链组成。为了满足客户定制化需求，产线根据不同的车型进行工艺参数调节，从而实现不同颜色、配置、型号的车型在同一条产线上生产，实现多品种混合柔性生产。车间整体布局如图 3-9 所示。

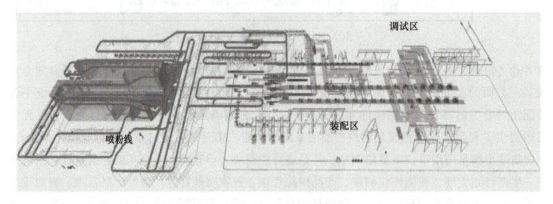

图 3-9 电动叉车生产车间布局

**2. 功能需求分析**

根据车间工艺布局和生产特点，为了支持多品种多类型叉车共线生产的实现，对 MES 提出五方面功能需求：

（1）生产计划管理，包括生产计划编制、涂装计划排程。由于涂装与总装的生产节拍不同，MES 需要在满足装配计划的同时实现涂装产能最大化，考虑特殊车架无法喷涂需要委外喷涂，然后再与涂装计划混合，还要适时插入内燃计划补充涂装产能。

（2）制造过程管理，包括涂装生产管理、装配过程管理，实现对生产过程进行监控，及时提供执行进度信息。

（3）物料配送管理，实现在混线配送模式下根据各产线装配节拍进行上件任务的动态调节。

（4）设备数据采集，主要采集包括涂装线、板链线、轮胎输送线等设备的数据，以及对整机装配质量产生关键影响的拧紧数据。

（5）质量档案管理，主要包括装配自检记录和整机档案管理。质量档案是产品质量全生命周期追溯的关键，是质量过程控制的基础。

**3. MES 总体框架设计**

MES 作为生产管理软件，功能涵盖生产活动的各个环节。根据业务需求分析，设计电动叉车 MES 功能模块和业务流程如图 3-10 和图 3-11 所示。

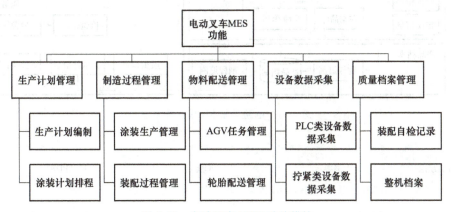

图 3-10　电动叉车 MES 功能模块

在系统的软件设计架构上，MES 采用五层系统逻辑架构，如图 3-12 所示。

交互展示层负责向用户展示相关业务内容和收集用户输入的相关信息。

界面控制层主要用于管理 MES 软件界面需要展示的各种车间数据信息，保证信息及时准确地传递到交互展示层。

业务逻辑层针对 MES 的各项业务流程问题进行逻辑性操作，负责电动叉车车间生产现场逻辑性数据的生成、处理与转换，确保数据的正确性与有效性。

数据访问层主要与数据存储和管理层进行命令交互，通过向最后一层传达动作指令，完成数据查询和增删改等管理操作。

数据存储和管理层通过与 Oracle 数据库建立链接，进行数据库操作和存储、数据库函数的使用和业务逻辑的处理，实现电动叉车车间数据管理。

**4. 生产计划管理**

由于集团中长期生产计划和物料采购计划在 SAP 中制订，因此，MES 接收 SAP 的 $N+3$ 日生产订单及其料单，以保证计划的一致性。当生产计划传递到 MES 后，首先根据物料库存的情况进行报缺，然后计划人员根据缺件报表进行计划的挂起或调序，调整完成后进行计

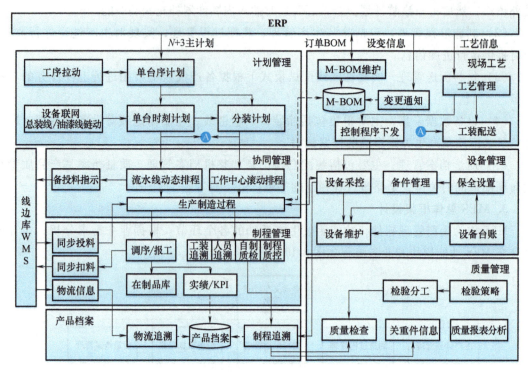

图 3-11 电动叉车 MES 业务流程

图 3-12 电动叉车 MES 的五层系统逻辑架构

划锁定,从而生成车架的涂装计划,通过与涂装系统之间的接口最终下达给涂装生产线执行生产。MES 的计划编制流程和计划排程逻辑如图 3-13 和图 3-14 所示。

**5. 制造过程管理**

制造过程管理主要包括涂装生产管理和装配过程管理。

第 3 章 制造执行系统

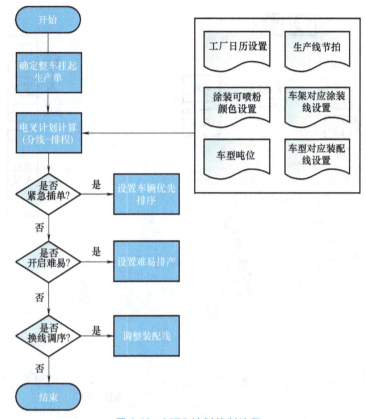

图 3-13 MES 计划编制流程

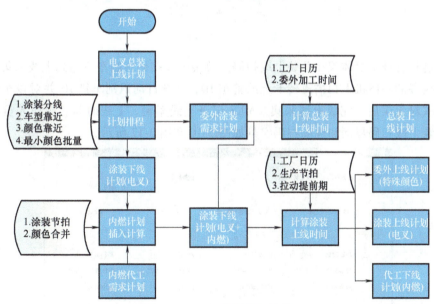

图 3-14 MES 计划排程逻辑

涂装生产管理利用 RFID、条码识别等对整个生产制造过程进行实时跟踪与监控。车间信息分布如图 3-15 所示。其中"星号"代表关键控制点，所有的控制点都需要通过 MES 进行管理，实现生产过程透明化。

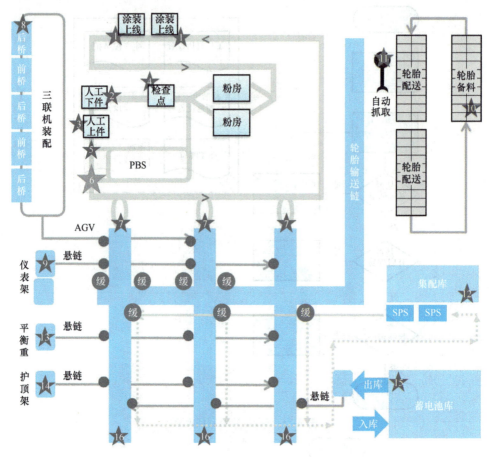

图 3-15 车间信息分布

装配过程管理主要体现在总装上线扫码。总装上线扫码指当车辆达到上线采集点时，作业人员在线旁的一体机上扫描流转卡上的整车 ID，系统自动识别车辆 ID 并对该车辆信息进行核对，核对无误后，完成上线采集。MES 记录上线车辆、上线时间、操作人员、操作时间等。总装上线扫码界面和现场扫码实景如图 3-16 和图 3-17 所示。

图 3-16 总装上线扫码界面

扫码上线之后，MES 采集板链信号进行动态推算，跟踪工位在制品信息实现现场实时获取产线运行情况，工位急停和完工信息，并有效跟踪工位在制品信息，准确掌握车间生产进程，同时根据实际生产节拍进行悬链分装零部件的上件预测。

**6. 物料配送管理**

叉车的装配是以 AGV 作为载体，实现各种不同车型 AGV 混线生产。MES 向 AGV 调度系统下发生产任务，AGV 接收任务进行站点信息的推送，MES 通过监控 AGV 任务执行状态进行动态调节。图 3-18 所示是 AGV 任务管理界面，左边是 AGV 任务列表，动态更新，右边是每台 AGV 执行过程中途径站点的实时状态。图 3-19 所示是 AGV 现场看板及运行。

图 3-17 现场扫码实景

图 3-18 AGV 任务管理界面

图 3-19 AGV 现场看板及运行

轮胎是装配环节的核心物料。当轮胎计划生成之后，员工需要对轮胎铺线，即将总装分解的轮胎需求计划按 40 个一车进行分组，由四辆输送工装车进行循环作业。轮胎铺线及打印界面如图 3-20 所示。轮胎配送解决了线边占用轮胎存储区域的问题，同时根据装配计划生成轮胎铺线计划，使轮胎配送管理更加精确。

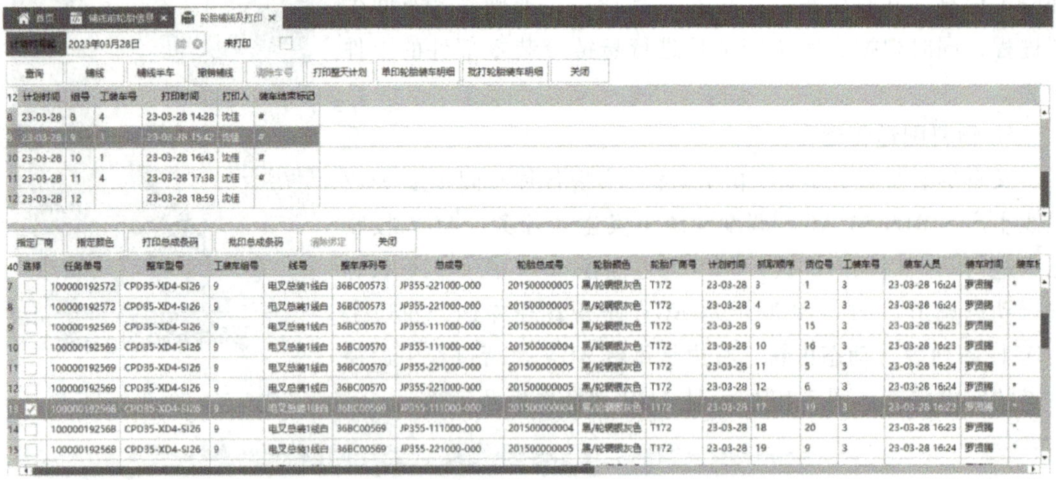

图 3-20 轮胎铺线及打印界面

**7. 设备数据采集**

MES 工艺信息储存了各工序的拧紧工艺控制参数。一方面，MES 需要通过与拧紧机实时通信，匹配拧紧参数并下发至当前拧紧设备；另一方面，MES 需要采集工位拧紧数据，进行工位拧紧合格判定。如图 3-21 所示，左边是 MES 中拧紧合格判定基础数据，主要包括型号以及拧紧工位和拧紧次数，右边是"拧紧数据查看"移动 App 操作界面。

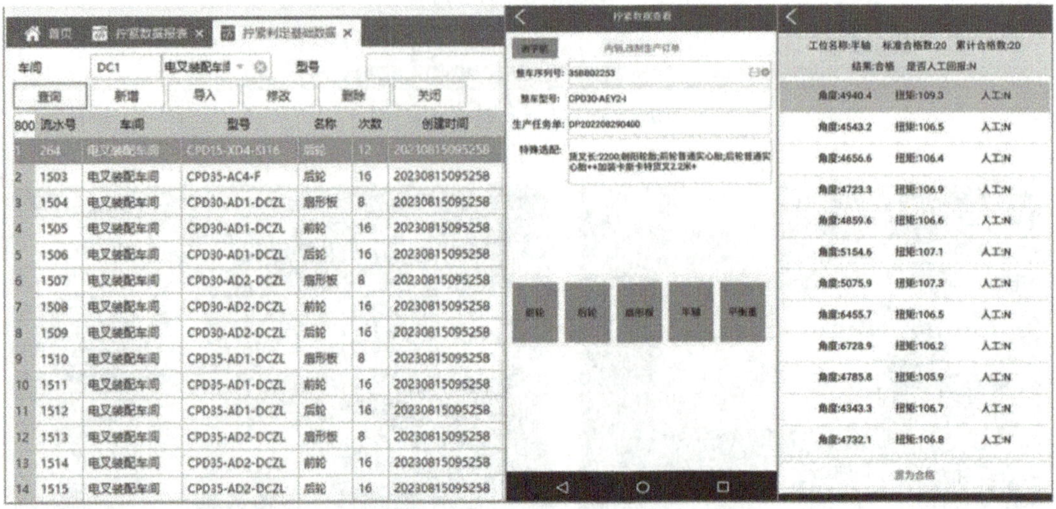

图 3-21 工位拧紧合格判定

另外，现场有大量数据需要通过 PDA 等终端进行采集，并在成功采集关键零部件信息后，通过比对图号进行部件装配防错预警，如图 3-22 所示。

第 3 章 制造执行系统

图 3-22 关键零部件核对

**8. 质量档案管理**

质量档案管理包括装配自检记录和整车档案。MES 需要根据 SAP 下发的自检计划，按照工艺路线和工位设置进行装配自检。装配自检流程如图 3-23 所示。

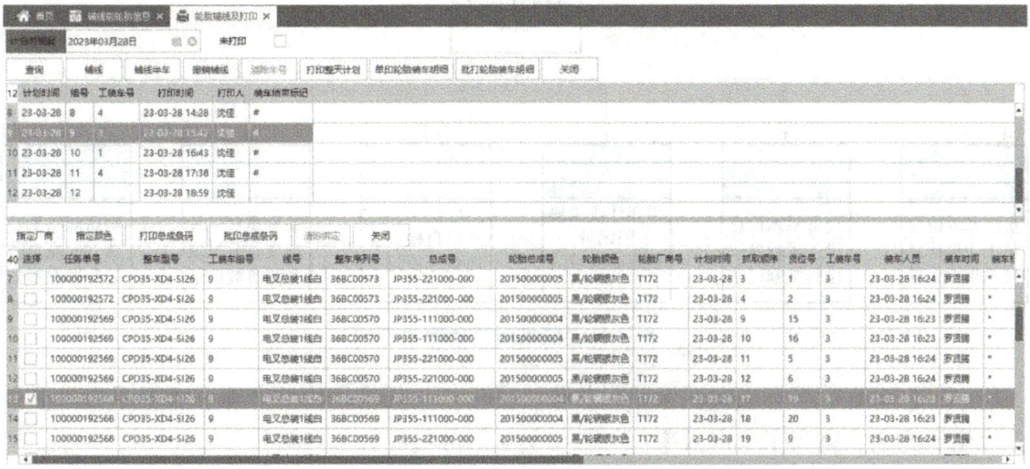

图 3-23 装配自检流程

员工通过 MES 移动端 App 在线点检，对装配工艺要求进行逐项确认，并对过程中发现的质量问题进行反馈。MES 装配自检界面如图 3-24 所示。

融合制造过程中生成的关重件信息、拧紧数据、装配自检记录、整车质检记录及返工问题记录，将叉车装配过程中的质量信息整合成册形成电子档案。图 3-25 为整机质量档案模型。

**9. 项目实施效果**

本项目结合电动叉车生产制造流程和智能制造车间的特点，设计了 MES 的功能和业务流程，带来了显著的效益。

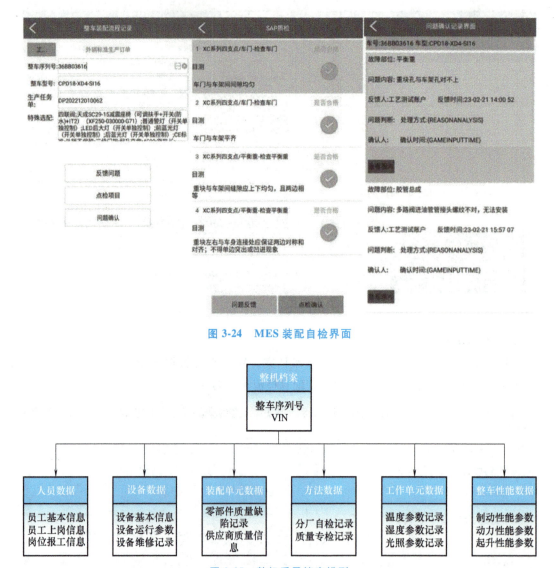

图 3-24 MES 装配自检界面

图 3-25 整机质量档案模型

1）通过 MES 数据集成实现涂装与总装协同生产，提高了涂装产能，缩短了物料准备周期，优化了配送，提高了生产效率。

2）利用二维码、条码和 RFID 技术跟踪物料和监控生产状态，创新工件识别技术，可适应高温、粉尘和腐蚀环境。

3）通过 MES 数据集成采集工艺路径信息，动态推算，实现了与主线生产同步的物流配送，提高了内部配送效率。

4）与工艺设备集成，实时获取设备参数，根据生产需要自动调整，提高了制造能力，缩短了准备周期。

5）通过 MES 数据集成对生产过程进行跟踪管控，形成了整机档案，整合和共享了质量信息，提高了数据一致性和利用率，为企业决策提供了可靠数据。

## 3.5.2 阀门行业 N+X 应用

某地区有大量的阀门生产企业，规模上都属于中小企业。企业在生产制造方面存在一系列的共性问题，但各个企业又存在各自的个性问题。为此，针对该行业设计了 N+X 的 MES 解决方案：首先，针对若干共性问题（N），设计了 MES 的行业通用功能模块；其次，针对各个企业的个性化需求（X），为每一家企业设计了企业个性化模块。

**1. 行业共性问题及 MES 行业通用功能设计**

针对该地区阀门企业的共性问题，进行了应用场景分析和 MES 功能设计，如表 3-1 所示。

表 3-1　某地区阀门企业共性问题及其 MES 功能设计

| 序号 | 共性问题 | 应用场景 | 应用场景描述 | 功能清单 |
|---|---|---|---|---|
| 1 | 生产交付延期较为普遍 | 生产管理 | 生产过程实时展现<br>交期异常预警<br>装配监控和预警 | 主计划管理<br>生产任务<br>报工核查<br>批量完工<br>返工任务<br>自定义流转卡<br>设备负荷 |
| 2 | 质检控制不到位，产品品质难以提升 | 质量管理 | 首检、巡检等检验工单自动生成，并根据时效性自动通知、预警、上报<br>质量分析报表自动生成 | 不合格原因<br>项目配置<br>质检模板配置<br>质检方案<br>质检任务 |
| 3 | 在制品积压多，库存统计困难 | 物料管理 | 在制品各个工序积压水平展现<br>在制品呆滞时间监控与预警<br>在制品工序负荷能力分析 | 仓库档案<br>出库管理<br>盘点<br>库存分析<br>入库管理 |
| 4 | 设备利用效率低 | 设备物联 | 设备数据采集，实时反应设备的使用效率<br>导入 OEE（设备综合效率）理念，并对 OEE 统计分析 | 联机管理<br>指令管理<br>告警清单<br>告警设置 |
| 5 | 员工绩效统计难 | 绩效管理 | 根据各企业模式自定义计算方法，直接生成报表 | 员工班组管理<br>排班 |
| 6 | 销售订单信息传递不及时、不准确 | 销售管理 | 符合工业阀门多规格个性化定制行业版本的销售 | 客户档案<br>销售订单<br>销售发货单查询<br>交货期延期分析 |
| 7 | 采购监控不到位，延期风险大 | 采购管理 | 看板、App 模式提醒采购催单 | 供应商档案<br>采购到货<br>采购入库<br>采购合同<br>看板管理 |

(续)

| 序号 | 共性问题 | 应用场景 | 应用场景描述 | 功能清单 |
|---|---|---|---|---|
| 8 | 管理、决策报表少，日常管理问题较多 | 四级报表 | 四级报表：员工、主管、部门、高层<br>图形化展现<br>预警、告警、异常可视化展现<br>时间、场景等维度统计分析 | 生产进度看板<br>在制品看板<br>综合看板<br>生产报表<br>员工报表<br>质检报表<br>在制品报表<br>设备报表 |
| 9 | 加工图样指导不到位 | E-SOP 管理 | 图文档管理电子化、系统化归档管理<br>客户订单关联客户资料，建立客户资料归档库<br>无纸化下发图样、作业指导书 | SOP 基础资料管理<br>工单 SOP 匹配<br>SOP 查看 |

**2. 个性化企业功能设计——HZ 阀门有限公司**

HZ 阀门有限公司根据自身面临的精细化、智能化物料管控方面的迫切需求，在个性化功能设计方面，围绕物料管控重点配置了物料计划、线边库管理、物料呼叫、AGV 物流配送、追溯管理等功能模块。

实施 MES 后，订单准交率提升 20%，订单延期时间缩短 13 天，统计效率提升 60% 以上，质量合格率提升 20%；在制品库存降低约 50%，设备有效利用率提升 10%，数据收集、统计、分析工作每个车间减少 1 人。

**3. 个性化企业功能设计——KT 阀门有限公司**

KT 阀门有限公司根据自身面临的设备管理、异常管控方面的迫切需求，在共性模块的基础上增加了设备管理、异常管理模块。

实施 MES 后，在生产数据流转高效、准确方面，质量管理与质检效率提升方面、生产工单管理的提升方面都取得了良好的结果。

## 复习思考题

1. 什么是 MES？
2. MES 的主要功能有哪些？
3. MES 与 MOM 有何异同？
4. 如何理解制造运行管理模型？
5. MES 平台的一般体系结构分哪几个层次？分别解决什么问题？

# 第 4 章

# 工厂数据采集

数据采集系统的主要功能是实时采集现场生产数据,包括加工、测试、维护、设备、人员、物料等各个基础环节、基础要素的实时数据,并处理、集成、转化、统一来自车间各生产要素的信息数据,准确、实时地予以传输、分析和存储。这些数据是上层 MES 等各业务管理系统的基础。

数据采集系统建设是智能工厂建设的核心要素。建设智能工厂首先必须要建设数字化车间,车间数字化的主要体现要素之一就是生产信息的自动采集。GB/T 37393—2019《数字化车间 通用技术要求》中要求数字化车间应能对车间所需数据进行采集、存储和管理,其中 90% 的数据可通过信息系统进行自动采集。从工厂生产管控的角度,也需要实时掌握车间各类生产实况,为制造系统的优化,以及工厂智能化、精益化运营奠定基础。

## 4.1 车间数据的来源和类型

车间制造运行的数据从来源的层级可以分为上、下两个层级。其中,上层数据来源于企业级、工厂级的各种业务管理信息系统,如 PDM、ERP、WMS、私有云/公有云等;下层数据来源于车间现场,通过各种自动化或者手工采集获得。来源于上层各类信息系统的数据通常可以通过软件系统接口获得,因此,本章主要讨论车间现场数据的采集与处理。

从车间制造现场管控的角度,数据主要源自以下场景:

1)生产设备数据,如设备(包括加工、物流等各类设备)的运行状态、停机状态、故障信息等,以及设备的故障时间、故障类型、维修时间等。

2)工艺参数数据,即生产过程中的各项工艺参数,如温度、压力、速度等。

3)计划/工单数据,如各工位/机台当前生产工单号、产品型号、实际生产数量、开始时间、完成时间等。

4)作业过程数据,如工序开始时间、结束时间、工序产出数量、不良品数量等。

5)质量管控数据,如各质量控制参数首检、抽检/全检数据,质量异常信息等。

6）物料管控数据，如原材料/在制品/成品数据领料/入库数据、流转、批次等。

7）人员管控数据，如员工的上岗时间、操作的工序/机台、产出的数量等。

8）能耗数据，如各车间、产线、机台的水、电、压缩空气、燃气等各类能耗管控数据。

9）车间/仓库环境数据，如温度、湿度、空气质量等环境参数。有些情况下这些数据可能对生产过程有影响，需要进行监测和记录。

以上车间制造现场数据，从感知和采集时的直接来源看，可以分为以下两类：

（1）工业现场感知与控制设备，包括传感器、控制器、执行器、监控系统等。该类数据源主要分布在车间设备层和生产单元层，往往可以自动采集的方式获取。

位于车间设备层的数据源主要是传感器、条码标签、仪器仪表等，从生产装备、环境中采集基本信息、工作状态、运行环境参数、绩效能力等数据。

位于生产单元层的数据源主要是工业控制器和监控系统等，包含设备层上传的数据以及控制数据等，如可编程逻辑控制器（PLC）、分布式控制系统（DCS）、监控与数据采集（SCADA）监控数据等。

（2）现场作业过程，主要包括车间的生产管理、车间作业、人员绩效考核、设备维修保养、设备绩效能力、工器具出入库等生产相关数据。这一类数据通常较多需要手工输入，整体采集的自动化程度偏低。

## 4.2 数据采集方式

按照采集方式的自动化程度，常见的车间数据采集方式有以下几种：

（1）人工采集方式。通过手工方式录入数据，如设备、工具、人员的基本信息，数据采集终端包括键盘、按键、触摸屏等。

（2）半自动采集方式。通过人工操作数据采集终端获取数据，如工人通过操作扫码枪、力矩扳手、X光探伤仪等设备获取生产数据。该采集方式通常适用于车间层管理系统数据的采集。

（3）自动采集方式。由设备获取数据，通过自动传输方式实时传输至数据中转站或数据中心。该采集方式通常适用于设备层和生产单元层。

车间常见数据采集方式如表4-1所示。

表4-1 车间常见数据采集方式

| 采集方式 | 操作方法 | 说明 | 应用范围 | 优缺点 |
| --- | --- | --- | --- | --- |
| 人工采集方式 | 表单记录 | 手工填写记录表单，汇总、统计后手工输入软件系统 | 多种数据类型 | 1）适用范围广、灵活性高<br>2）存在人为出错，数据实时性、准确性较低等问题 |

(续)

| 采集方式 | 操作方法 | 说明 | 应用范围 | 优缺点 |
|---|---|---|---|---|
| 人工采集方式 | 设备录入 | 操作生产现场的计算机、触摸屏录入数据 | 多种数据类型 | 1）适用范围广、灵活性高<br>2）存在人为出错，数据实时性、准确性较低等问题 |
| 半自动采集方式 | 条码枪 | 按照编码规则打印条码，通过扫描设备进行数据自动采集 | 配置条码的识别对象 | 1）相较人工采集，效率、精确度、稳定性更高<br>2）仅限于近距离、静态的数据采集<br>3）不可重写数据、标签易受污损、不能批量读取、数据存储有限 |
| | RFID读写器 | 将数据写入标签存储区，通过射频信号自动读取标签数据 | 配置电子标签的识别对象 | 1）相较条码技术，具有远距离批量读取、动态读写、重复使用、数据容量大等优点<br>2）能在各种恶劣环境下有效进行工作<br>3）数据采集无须人工参与<br>4）车间环境应用信号易受干扰和屏蔽 |
| | PDA | 通常配置有显示屏、按键、数据接口等硬件，具备条码扫描、RFID识别、手机拍照等功能 | 配置条码或电子标签的识别对象 | 1）有效采集各种动态信息，体积小、灵活方便，稳定性高<br>2）弥补了自动采集在丰富性、适应性上的缺陷，根据需求进行应用功能扩展<br>3）通常需要人工操作 |
| 自动采集方式 | 传感器 | 利用热电、磁电等效应采集设备状态信息 | 多种设备类型的数据采集 | 1）灵活方便、应用范围广<br>2）通过采集终端开发，实现不同类型设备数据的针对性采集 |
| | PLC | 通过设备 I/O 接口信号采集设备状态数据 | 自带接口的数控设备；普通设备需进行 PLC 改造 | 1）布线复杂、易损坏设备自身电气系统<br>2）多用于种类较为单一的设备群系统集成 |
| | DNC | 通过 DNC 接口构建 DNC 网络，进行设备数据采集 | 数控设备的数据采集 | 1）适应性高、采集智能化、数据完整等<br>2）实施成本较高、集成困难 |

## 4.3 数据采集系统的架构

工厂生产制造系统中，数据采集系统的架构可以划分为五个层次，如图 4-1 所示。

（1）数据承载层：主要包括车间生产制造各个环节的要素，如各类设备、产线、物料、人员等。这些要素是生产制造过程中各类数据的原始产生地，是数据的源头。

（2）数据采集层：通过读写器、PDA、数据采集终端等多种数据采集方式获取设备、物料、质量、进度等数据信息，为系统数据处理提供可靠的原始数据。

（3）数据传输层：通过 ZigBee、以太网以及各类组网方式，组成有线或无线数据传输网络，将采集到的原始生产数据实时传输至数据库服务器中。

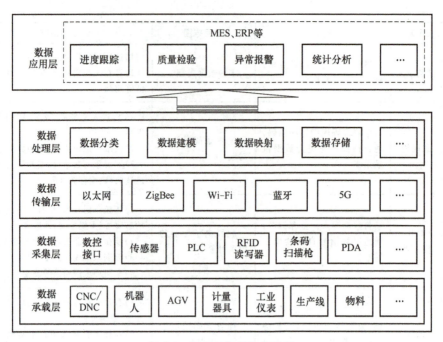

图 4-1 数据采集系统的架构

（4）数据处理层：负责将采集到的车间生产数据根据其格式、类型进行分类、建模、映射、存储，为应用层的各个业务系统、业务模块提供统一格式的数据源。

（5）数据应用层：系统应用层本质上属于上层各个业务系统，如 MES。各业务系统基于采集的实时车间生产数据，可以开发包括生产进度跟踪、质量检验、异常报警、统计分析等各种车间分析与管理功能。

## 4.4 终端数据采集技术

由于数据来源的不同，对车间工业生产使用的机器设备的数据采集与离散型制造车间现场作业过程数据的采集需要使用不同的采集技术。

针对工业生产设备数据采集常见的方式有三种：直接联网通信采集、工业网关采集和远程 I/O 模块采集。

针对离散型制造车间现场作业过程数据的采集，特别是生产物流的流转环节、具有较多人工操作的装配线等环节，常见的采集方式有两种：基于条码的数据采集和基于 RFID 的数据采集。

**1. 直接联网通信采集**

直接联网是指利用数控系统自身的通信协议和通信网口，无须添加任何硬件，直接与车间的局域网连接，并与数据采集服务器进行通信。服务器上的软件可以对数据进行展示、统计和分析，一般能够采集设备的开机、关机、运行、暂停和报警状态，以及记录报警信息。高端数控系统通常配备用于数据通信的以太网口，通过不同的数据传输协议，可以实现对数控机床运行状态的实时监测。

**2. 工业网关采集**

对于没有以太网通信接口或不支持以太网通信的数控系统，可以通过工业以太网关连接数控机床的 PLC 控制器，实现对设备数据的采集，从而实时获取设备的开机、关机、运行、暂停和报警状态。工业通信网关能够在各种网络协议之间进行报文转换，将车间内不同种类的 PLC 的通信协议转换成一种标准协议，通过该协议，数据采集服务器能够实时获取现场 PLC 设备的信息。

**3. 远程 I/O 模块采集**

对于无法直接进行以太网通信且没有 PLC 控制单元的设备，可以通过部署远程 I/O 模块进行设备运行数据的采集。远程 I/O 模块是一种工业级远程采集与控制模块，能够提供无源节点的开关量输入采集。通过分析设备的电气系统，确定需要的电气信号并连接到远程 I/O 模块，模块将电气系统的开关量和模拟量转化为网络数据，通过车间局域网传输给数据采集服务器。使用远程 I/O 模块可以实时采集设备的开机、关机、运行、报警和暂停状态。

**4. 基于条码的数据采集**

条码（也称条形码）由一组按特定编码规则排列的条、空及对应字符组成，用以表示特定的信息。条码自动识别系统包括条码标签、生成设备、识读器和计算机。在识别过程中，条码识读器扫描条码，将反射光信号转换为电子信号，经解码后还原为相应的文字或数字，并传入计算机。条码识别技术非常成熟，读取错误率约为百万分之一，首读率超过98%，是一种可靠、高效、准确且低成本的数据采集技术。图 4-2~图 4-4 所示分别为常见的条码类型、条码生成设备（条码打印机）和条码识读器。

a) 一维条码类型　　　　　b) 二维条码类型

图 4-2　常见的条码类型

（资料来源：https://www.labelmx.com/tech/CodeKown/Code/201809/4992.html）

图 4-3　条码生成设备及条码标签　　　　　　　图 4-4　条码识读器

基于条码技术的数据采集系统通常在零件或物流单元上打印条码，将条码信息与后台数据库连接。读取条码信息后，系统立即根据数据库中的关联信息做出相应判断和动作。在生产管理系统中，条码技术替代传统手工操作，不仅提高了数据采集的及时性、准确性和可靠性，确保信息系统高效运行，还为管理决策提供了可靠的数据支持，并降低人力资源成本。

条码分类方式有两种：按码制分类和按维数分类。其中，按维数分类最常见。条码按维数通常分为一维条码（条形码）和二维条码。

（1）一维条码（条形码）。一维条码又称条形码，是指条和空的排列规则，如 EAN-13、UPC-A、Codabar、SSCC-18、Code 39、Code 128、ITF-14 和 EAN-128 等都属于一维条码。工厂制造过程中，通常为每种物品都赋予一个独一无二的条码编码，就像它们的"身份证"。一维条码本身不直接承载物品的所有信息，而是通过数据库建立条码与物品信息的对应关系。当条码数据被扫描并传输到计算机后，应用程序会解析和处理这些数据，获取与条码对应的物品信息。

一维条码的优点在于制作简单、识读快速，便于物品信息的快速录入和查询。其缺点是编码方式容易被复制伪造，安全性较低，易受污染失效，需要与后台数据库系统结合，并且信息表达能力有限，无法直接表达汉字和图像等复杂信息，限制了其应用范围。

（2）二维条码。二维条码也称二维码或二维条形码，是在水平和垂直两个方向上由特定规律分布的图形来记录信息。它利用计算机内部逻辑基础的"0"和"1"比特流，通过几何形体表示文字数值信息，使用图像输入设备或光电扫描设备自动识读，实现信息自动处理。

二维条码分为矩阵式和行排式。行排式二维条码由多行一维码堆叠而成，如 PDF 417 和 MicroPDF 417；矩阵式二维条码以矩阵形式构成，如 QR Code、Data Matrix、Aztec Code 和 Maxi Code。在我国，二维条码发展迅速，已逐渐在某些应用中取代一维条码。

二维条码不仅具有一维条码的快速输入和高灵活性，还具有密度高、信息量大、编码范围广、容错能力强、译码可靠性高、保密防伪能力强等特点。

**5. 基于 RFID 的数据采集**

无线射频识别（Radio Frequency Identification，RFID）是一种先进的识别技术，通过无线电信号精确捕获和处理物体的详细信息,包括读取和写入操作。RFID 技术无须机械或光学接触,实现了无接触式的准确识别。凭借其自动识别功能,RFID 无须与目标物体直接接触,通过射频信号便可完成信息的采集与识别,整个过程无须人工干预,极大地提高了操作的便捷性和效率。该技术在各种复杂环境中表现出极高的适应性和稳定性,不仅能高效识别静态物体,还能在高速运动中捕捉信息,并同时识别多个标签,显著提升了数据处理的效率和准确性。RFID 在许多领域得到了广泛应用,推动了各行业的发展。

RFID 系统主要包括电子标签(射频标签)、读写器、天线和计算机软件系统。其工作原理是:读写器通过发射天线发送特定频率的射频信号,当电子标签进入有效工作区域时,感应电流激活电子标签,使其通过内置天线发射自身编码信息;读写器的接收天线接收标签发送的信号,经调制器和信号处理模块解调和解码后,将有效信息传送到后台计算机系统进行处理。RFID 系统的工作原理如图 4-5 所示。

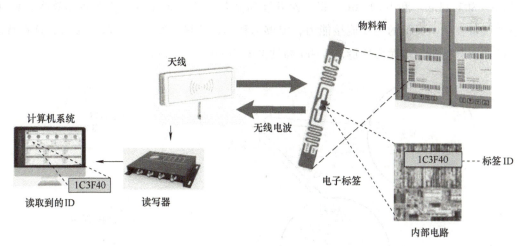

图 4-5　RFID 系统的工作原理

RFID 技术有以下优点:

1)无屏障识别和阅读。电子标签可实现无屏障识别和阅读,识别距离灵活,准确度高。

2)数据存储容量大。RFID 的存储容量可达数兆字节,并在不断扩容。

3)抗污染能力和耐久性强。RFID 标签在芯片中保存数据,具备防污染、防潮等优势,保证数据安全和完整。

4)可重复使用。RFID 标签支持数据覆盖、修改和增减,更新简便。

5)小型化与多样化。RFID 标签体积小,形状多样,不受尺寸限制,可适应各种产品。

6)安全性好。RFID 数据以电子信息形式保存,可设置保护密码,防伪性高。

RFID 技术有以下缺点:

1)成本偏高。标签、读写器和软件费用较高,大规模应用可能会成为负担。

2)安全性和隐私保护方面存在不足。电子标签信息容易被非法读取和篡改,其自动识别和跟踪特性也可能导致个人隐私泄露风险。

3）干扰和距离限制。RFID 系统可能受到干扰和距离限制的影响，导致信号传输不准确或无法有效识别。

## 4.5 工厂数据传输网络

### 4.5.1 Wi-Fi

Wi-Fi 全称 Wireless Fidelity，是一种基于 IEEE 802.11 标准系列的无线局域网技术。自 1997 年 Wi-Fi 联盟成立以来，该技术经历了多次迭代，从最初的 802.11b/a/g 发展到现在的 Wi-Fi 6（802.11ax）和 Wi-Fi 6E，每一次升级都显著提升了无线网络的性能和效率。Wi-Fi 的核心优势在于其灵活的无线连接能力，能够为移动设备提供便捷的互联网接入，这在智能工厂的车间数据传输中尤为关键。Wi-Fi 局域网架构如图 4-6 所示。

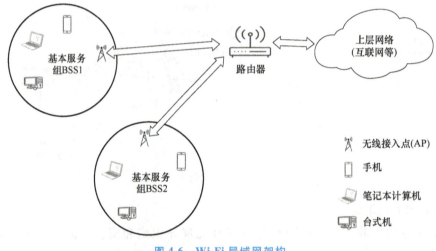

图 4-6 Wi-Fi 局域网架构

工厂 Wi-Fi 网络的核心组件是无线接入点（Access Point，AP）。AP 负责创建无线覆盖区域，使设备能够接入网络。客户端设备包括智能手机、平板计算机、工业传感器和机器人等，这些设备通过内置的 Wi-Fi 模块连接到 AP，进行数据的发送和接收。Wi-Fi 网络与外部网络（如互联网）的连接通常需要通过路由器或交换机进行。在智能工厂中，根据车间的布局和覆盖需求，合理部署 AP 是保证网络覆盖和性能的基础。

Wi-Fi 网络的优势包括：

（1）灵活性高。Wi-Fi 网络适用于各种场景，不受布线限制，可适应动态变化的工厂环境。

（2）便捷部署。Wi-Fi 网络的部署相对简单，只需安装无线接入点（AP），而无须大规模的布线工程，节省了部署时间和成本。

（3）广泛覆盖。Wi-Fi 网络可以覆盖较大的范围，包括整个工厂车间和办公区域，为各种设备和人员提供无线连接的便利。

（4）广泛兼容性。大多数现代设备均支持 Wi-Fi，易于集成现有系统，减少额外的硬件投资。

（5）高带宽。尤其是 Wi-Fi 6/6E，提供高达 9.6Gbit/s 的理论最高速率，满足大数据量的实时传输需求。

然而，Wi-Fi 网络可能受到其他无线设备和电磁干扰的影响，导致信号质量下降和连接不稳定。这些问题需要在部署和管理 Wi-Fi 网络时加以考虑，以确保网络的可靠性和性能。

## 4.5.2 5G

在智能工厂的车间数据传输中，5G 技术作为新一代移动通信技术，正逐渐成为一种重要的选择。5G 代表第五代移动通信技术，是一种全新的通信标准，为工厂车间数据传输带来了更快的速度、更低的延迟和更可靠的连接。

在车间部署 5G 网络，主要是布置 5G 小基站（gNodeB）。作为 5G 网络的接入点，小基站负责在工厂内部创建 5G 覆盖区域。与传统的大型基站相比，小基站体积更小、部署更灵活，能够更好地适应车间环境，确保设备高效接入。

与 Wi-Fi 等其他车间数据传输网络相比，5G 主要有以下优势：

（1）超高速度与低延迟。5G 理论峰值速率可达数十 Gbit/s，端到端时延低至毫秒级，为实时数据传输、远程操控和高清视频监控等应用提供坚实基础。

（2）大容量连接。每平方公里可支持百万级设备连接，满足智能工厂中大规模物联网设备的联网需求。

（3）高可靠性与稳定性。通过网络切片和服务质量（QoS）策略，5G 能够为关键任务应用提供接近 100% 的可用性和小于 1ms 的稳定时延，确保生产过程的连续性和安全性。

（4）灵活性与可扩展性。5G 网络的部署更加灵活，能够根据工厂布局和未来需求进行快速调整和扩展，以适应智能化生产的不断演进。

需要注意的是，高频段（毫米波）5G 虽然能提供极高的数据速率，但覆盖范围有限且易受障碍物影响，因此需仔细规划部署策略，以确保信号覆盖和稳定性。

## 4.5.3 ZigBee

ZigBee 是一种基于 IEEE 802.15.4 标准的低功耗局域网（LPWAN）无线通信技术，专为满足低速、低功耗、低成本、短时延的物联网设备间通信需求而设计，传输距离在 10～180m。在离散型制造智能工厂的车间数据采集环节，ZigBee 技术以其独特的技术特点和优势，成为连接大量传感器、执行器等小型设备，实现高效数据传输的重要手段。

ZigBee 网络由协调器（Coordinator）、路由器（Router）和终端设备（End Device）三类设备组成，形成星形、树状或网状网络拓扑结构，如图 4-7 所示。其中，协调器负责网络的初始化和管理，路由器用于扩展网络覆盖范围，而终端设备直接参与数据的采集和传输。

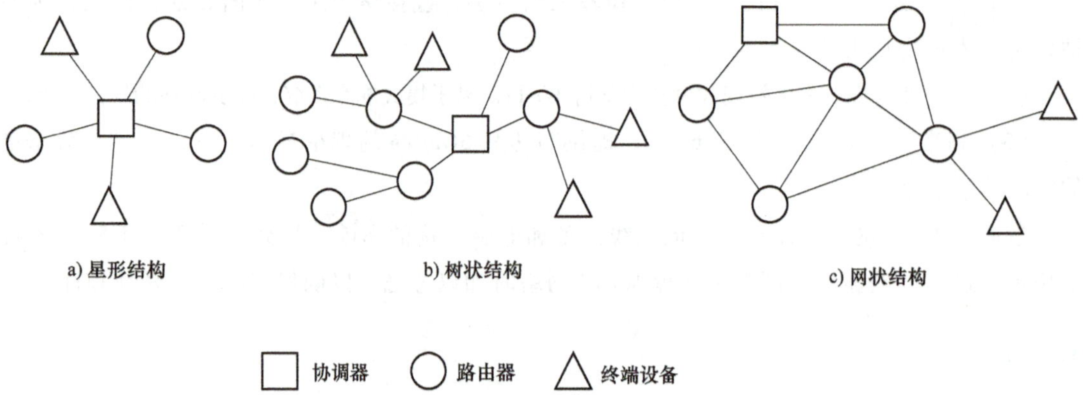

a) 星形结构　　　　b) 树状结构　　　　c) 网状结构

□ 协调器　　○ 路由器　　△ 终端设备

图 4-7　ZigBee 网络拓扑结构

ZigBee 网络的技术特点包括：

（1）低功耗。ZigBee 设计之初就强调低功耗，许多设备可以依靠电池运行数月甚至数年，非常适合部署在难以频繁更换电池的工业环境。

（2）低成本。相比 Wi-Fi、5G 等技术，ZigBee 芯片和设备成本较低，适合大规模部署，降低智能工厂的总体成本。

（3）高容量。一个 ZigBee 网络理论上可支持多达 65000 个设备，足以满足大部分车间的传感器网络需求。

（4）稳定性与可靠性。ZigBee 支持多跳传输和自愈功能，即使单个节点故障也不会影响整个网络的运行，增强了系统的稳定性和可靠性。

（5）安全性。提供基于 AES-128 加密的安全机制，保护数据传输免遭窃听和篡改，可满足智能工厂对信息安全的基本要求。

与 Wi-Fi、5G 和有线以太网相比，ZigBee 在智能工厂中的定位更加侧重于低功耗、低成本的大规模传感器网络。

以上是三种常见的工厂数据无线传输网络。在智能工厂的设计中，选择合适的网络技术需要综合考虑工厂的具体需求、成本预算，以及对未来技术演进的适应性。Wi-Fi 因其高带宽、易部署的特性，在支持大量高数据量应用（如高清视频监控、AR 辅助操作、实时数据分析）方面具有明显优势；对于对稳定性要求极高，或功耗敏感的低速传感器网络，结合使用 ZigBee 或有线以太网可能是更优解；5G 网络的引入，则为远程控制、大规模设备间通信提供了新的可能性，特别是在需要超低延迟和高可靠性传输的场景下。

## 4.6　数据采集与物联网、工业互联网

工厂数据采集系统与物联网、工业互联网是一组有一定相似性的概念，也是一组有一定

相似性的系统，在智能工厂规划时需要明确其功能、定位与界限，以避免资源错配，确保智能工厂规划的合理性。

## 4.6.1 物联网

**1. 物联网的定义与特征**

根据国际电信联盟的定义，物联网是通过射频识别（RFID）、红外感应器、全球定位系统、激光扫描器等信息传感设备，按约定的协议，把任何物品与互联网连接起来，进行信息交换和通信，以实现智能化识别、定位、跟踪、监控和管理的一种网络。物联网具备以下特征：

（1）全面感知，即利用条码、射频识别、摄像头、传感器、卫星、微波等各种感知、捕获和测量的技术手段，实时地对物体进行信息采集和获取。

（2）互通互联，即通过网络实现物体信息的传输和共享。

（3）智慧运行，即利用云计算、模糊识别等各种智能计算技术，对海量感知数据和信息进行分析和处理，对物体实施智能化的决策控制。

**2. 物联网的体系结构**

目前，物联网的体系结构尚没有完全统一的标准。人们普遍接受的体系结构是物联网的三层体系结构，即将物联网分为三个层次，分别为感知层、网络层和应用层，如图4-8所示。

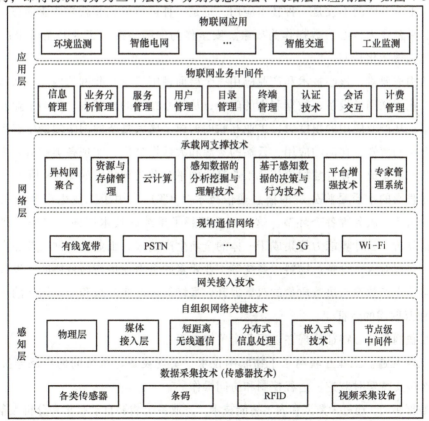

图 4-8 物联网的三层体系结构

（1）感知层。感知层专注于数据获取，包含数据采集与传感网两部分。数据采集利用传感器等技术感知和采集物体和外界环境的信息，并通过传感网实现数据的短距传输、自组织组网以及多传感器协同处理。感知层的关键技术包括传感器技术、RFID、嵌入式技术与短距离无线通信等。

（2）网络层。依托现有网络架构，如互联网与移动通信网，确保感知数据与控制指令的高效、安全双向往返，使用户能够随时随地获取高质量的服务。网络层的关键技术涉及Wi-Fi、5G 移动通信技术等。

（3）应用层。应用层囊括多样化的业务处理系统，负责数据的处理、分析与业务执行，为用户提供直接服务。该层可分为物联网业务中间件与物联网应用两部分。前者负责数据集成、处理分析，为决策提供依据；后者实施具体物联网应用，如工业监控、智能交通等，广泛服务于各行业，需要根据行业特性定制感知与网络层设计，以满足应用需求。

### 4.6.2 工业互联网

#### 1. 工业互联网概述

工业互联网是一种先进的信息通信技术与工业体系深度融合的新型基础设施和生态系统，它通过全面连接人、设备、物料及系统，构建了一个横跨全产业链和全价值链的制造与服务体系。工业互联网不仅是一种技术应用，也是一种创新模式和新兴产业形态，它以网络作为基础、平台作为核心、数据作为要素、安全作为保障，推动工业乃至整个产业的数字化、网络化、智能化转型。

可以从构成要素、核心技术和产业应用三个层面理解工业互联网的内涵：从构成要素的角度看，工业互联网是设备、数据和人的融合；从核心技术的角度看，贯彻工业互联网始终的是大数据；从产业应用的角度看，工业互联网构建了庞大复杂的网络制造生态系统，为企业提供了全面的感知、移动的应用、云端的资源和大数据分析，实现各类制造要素和资源的信息交互和数据集成，释放数据价值。工业互联网平台及关键技术如图4-9所示。

工业互联网的本质是将先进的信息通信技术（ICT）应用于工业生产全链条，涵盖设计、供应、制造、服务等各个环节。这一概念超越了单纯的技术层面，它是一种将智能设备、大数据分析、云计算能力等集成于一体的全新生产范式。工业互联网的核心在于利用互联网平台，实现对人、设备、物料、系统等工业要素的全面连接与高效协同，以数据流动和智能分析驱动生产效率与决策质量的双重提升，最终促进产业升级和经济结构的优化。

#### 2. 工业互联网的特征

工业互联网的核心特征体现在以下几个关键方面：

（1）互联互通。工业互联网基于物联网技术，实现设备、系统间的广泛连接和信息流通。这种连接支持实时监控、远程控制和协同操作。

（2）数据驱动。通过大数据和人工智能技术，工业系统能够自动收集和分析大量数据，为精准决策和优化运营提供支持。数据驱动是工业互联网的核心，而数据在其中发挥关键作用。

第 4 章 工厂数据采集 63

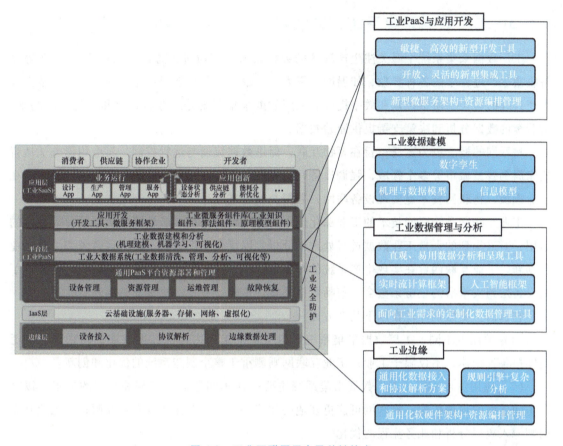

图 4-9 工业互联网平台及关键技术

（3）智能优化。应用算法模型和智能技术，优化生产流程，提高资源利用率，减少浪费，增强灵活性和响应速度，实现智能化调整和优化。

（4）服务化转型。推动工业企业从传统的产品销售模式向服务模式转变，提供全生命周期管理、预测性维护等增值服务，提升客户黏性和满意度。

（5）安全性强化。构建多层次的安全防护体系，确保工业网络和数据的安全，防范潜在的网络攻击和数据泄露风险。

**3. 工业互联网的体系结构**

工业互联网的体系结构通常分为四层：感知层、网络层、平台层和应用层。

（1）感知层：由各种传感器和智能终端组成，负责数据采集。这些设备能够实时监测生产环境和设备状态，获取大量生产数据。

（2）网络层：通过有线或无线网络实现数据的高效传输，确保数据在各个环节的顺畅流动。

（3）平台层：作为核心层，集成了数据处理、分析与应用开发功能。平台层利用云计算、大数据和人工智能技术，对数据进行存储、处理和分析。

（4）应用层：直接面向用户，提供多样化的工业应用和服务。这些应用包括设备管理、生产优化、供应链管理等，帮助企业实现智能制造和高效运营。

### 4.6.3 工厂数据采集系统、物联网与工业互联网的区别与联系

工厂数据采集系统主要关注生产现场的数据获取，它通过传感器、扫描器、RFID 等设备收集生产过程中的各种参数，如温度、压力、产量、设备状态等信息，采集的目的是实现生产过程的监控、质量控制和效率提升。工厂数据采集系统是工业自动化和信息化的基础，为后续的数据分析和决策支持提供原始数据。

物联网的概念更为宽泛，旨在万物互联，促进数据流通与远程控制。其应用覆盖了从智能家居到智慧城市等多个领域，强调设备间的互联互通以及用户体验的智能化和便捷性。在工业领域，物联网技术是实现设备联网、数据交换的基础。

工业互联网是物联网技术的工业深化应用，侧重数据分析、云计算及机器学习等技术的运用，对采集到的大量工业数据进行处理和分析，以优化生产流程、提升运营效率、驱动业务创新。工业互联网旨在实现生产系统的智能化升级，促进制造业的数字化转型，它涵盖了从设备层到决策层的全链条整合，包括数据采集、传输、分析、决策支持等环节。

它们的主要区别体现在以下几个方面：

（1）关注点不同：工厂数据采集系统聚焦于单一工厂内部的数据获取；物联网更广泛地连接各种物体，不仅限于工业；工业互联网则侧重于整个制造系统的优化和创新。

（2）应用深度不同：工厂数据采集系统主要关注车间层面生产相关数据的采集，以及在车间层面的数据传输；物联网可能更多地关注连接本身，关注实现万物互联；而工业互联网则深入数据分析和业务流程的优化。

（3）目标不同：工厂数据采集系统的目标是实现车间状态的实时感知；物联网旨在提升生活的智能化水平；而工业互联网则以提高生产效率、产品质量和推动制造业转型升级为目标。

综上所述，工厂数据采集系统、物联网、工业互联网三者间相互关联，共同推动着工业领域的数字化和智能化进程，但各自有着不同的侧重点和应用场景。

## 4.7 案例分析

浙江 SF 轴承股份有限公司是专业生产滑动轴承系列产品的国家级高新技术企业。其产品无油时也可自润滑，工作时噪声低，薄壁设计结构体积小，可以保持长期不磨损，是取代滚针轴承、含油轴承、铜合金轴承的新型轴承。

公司生产过程中使用高端设备，自动化生产能力强，但由于车间数据自动采集系统建设方面尚未完成整体规划设计和实施，导致一系列效率不高、进一步提升困难的状况。例如：

（1）在车间状态监测方面：

1）无法实时看到关键设备的运行指标。

2) 无法实时掌握设备的有效利用率。

3) 无法高效获取用户操作数据和设备故障数据。

4) 车间设备人工巡视成本高。

(2) 大数据分析与优化提升方面:

1) 难以通过分析监控有效降低设备关键零部件的备件成本。

2) 很难通过预测而减少设备使用中的突发故障。

3) 难以通过故障和行为分析,改进产品的设计。

为此,公司在智能工厂建设中,规划建设车间数据自动采集与分析系统。项目主要目标如下:

1) 通过数据自动采集与分析系统,实时掌控核心设备运行工况参数。

2) 确保设备的维护、保养、维修得到及时、完整的执行。

3) 通过设备数据实时采集,实现工况实时监控,提高产品质量的追溯性。

4) 初步掌握设备有效利用率,为实施 MES 打下基础。

5) 为基于车间工况的大数据分析奠定数据基础。

针对公司各条生产线的设备特征和工艺特征,从项目目标出发,分析数据采集项目,并将数据采集项目落实到每一台具体的生产设备。

以其中"铜板缺陷检测"工序为例,设计采集参数如表 4-2 所示。

表 4-2 "铜板缺陷检测"数据采集项目

| 采集数据项 | 采集数据样例 |
| --- | --- |
| 开始检查时间 | 13 时 15 分 16 秒 |
| 产品计划号 | SJJH20040021-1 |
| 产品型号 | jf2-1 |
| 识别缺陷数量(个) | 4 |
| 标记缺陷数量(个) | 0 |
| 缺陷总长度/m | 0.01 |
| 板材总长度/m | 0.8 |
| 缺陷图片数量(个) | 1 |
| 板材移动速度/(cm/s) | 9.67 |
| 裂纹数量(条) | 0 |
| 停止检测时间 | 13 时 15 分 24 秒 |
| 设备状态 | 正常运行 |

针对各设备本身的数控类型、对外接口特征等,逐一分析并设计采集方法。部分设备数据采集接口分析如表 4-3 所示。

表 4-3 部分设备数据采集接口分析

| 设备名称 | 系统类型 | 系统型号 | 接口类型 |
| --- | --- | --- | --- |
| 校平机 | 变频调速器 | AC70 | RS485 |
| 轧机 | 变频调速器 | AC60/70 | RS485 |
| 收卷 | PID 控制器 | HL-G105-S | RS485 |
| 铺料缺陷识别 | 工控机 | WIN7 | 以太网 |
| 精轧测厚系统 | 工控机 | WIN7 | 以太网 |

针对采用工控机控制的一类设备，选用工业网关采集 PLC 实时数据；针对具备变频调速器、PID 控制器的一类设备，选用数据传输单元 DTU 与设备对接采集数据，并将采集到的数据按照预定的（固定或动态）频率通过无线方式接入车间 5G 网络，最终上传到服务器。项目采用的工业网关和数据传输单元（DTU）如图 4-10 所示。

a) 工业网关　　　　b) 数据传输单元(DTU)

图 4-10　项目采用的工业网关和数据传输单元

相关数据接入服务器后，利用公司建设的 MES 平台，实现对数据的综合分析与利用，如图 4-11 所示。

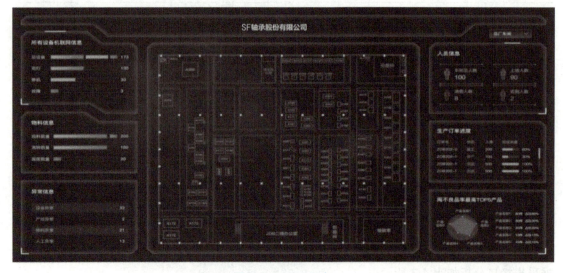

图 4-11　MES 平台

**复习思考题**

1. 车间数据有哪几类？请举例说明。
2. 各类车间数据在采集方法上有什么特点？
3. 常见的车间数据采集技术有哪些？
4. 车间数据采集系统一般如何分层架构？
5. 常见的工厂数据传输网络有哪些？各有什么特点？
6. 工厂数据采集系统与物联网、工业互联网有何联系与区别？

# 第 5 章

# 高级计划与排程

生产计划与控制系统是整个生产系统运行的神经中枢和指挥系统，决定着生产系统的运行机制和活动内容。因此，生产计划与控制系统的设计规划是智能工厂规划的核心内容之一。

## 5.1 生产计划与控制的总体框架

由于生产系统的复杂性，企业的决策是层级结构；与之相对应，生产计划与控制也是一个从宏观到微观、由战略到战术、由粗到细的分层管理结构。生产计划与控制系统从战略层到执行层一般分为五个层次，即经营规划、销售与运作计划（也称为综合计划）、主生产计划、物料需求计划、生产作业计划。各个层次的主要内容如表 5-1 所示。

表 5-1 生产计划与控制系统各层次的主要内容

| 阶段 | 层次 | 计划时段 | 主要内容 | 编制依据 | 编制人员 |
|---|---|---|---|---|---|
| 宏观计划 | 经营规划 | 年 | 经营战略、产品发展、市场占有率、销售收入、利润等 | 市场分析、市场预测、技术发展 | 企业最高管理层 |
| | 销售与运作计划 | 月 | 产品系列（品种、数量、成本、售价、利润）、控制库存 | 经营规划、销售预测 | 企业最高管理层 |
| | 主生产计划（MPS） | 周、日 | 最终产品 | 预测、合同 | 主计划员 |
| 微观计划 | 物料需求计划 | 周、日 | 组成产品的全部零件 | 主生产计划、产品信息、库存信息 | 主生产计划员或分管产品的计划员 |
| 执行计划 | 生产作业计划 | 日、时 | 执行计划、确定工序优先级、派工、结算 | 物料需求计划、工作中心生产能力 | 车间计划员 |

在五个层次中，经营规划和销售与运作计划（综合计划）带有宏观规划的性质。主生产计划是宏观向微观过渡的层次。物料需求计划是微观计划的开始，是具体的详细计划。而生产作业计划则是执行或控制的阶段。

## 5.2 生产作业计划

从智能工厂规划的角度来看，宏观计划侧重于企业的运作管理，而执行计划则落实到车间日常生产层面。生产作业计划是执行计划的一部分，其编制和执行过程中涉及车间的各种资源要素，复杂度高、难度大，既是数字化车间规划的核心内容，也是智能工厂规划的核心内容。因此，本节将进一步讨论生产作业计划。

生产作业计划是企业生产计划的延续和具体化，是生产计划的具体执行方案。通过生产作业计划，生产计划中规定的产品任务可分解为各车间、工段、班组以及工作地或个人的作业任务，以具体指导和安排日常生产活动。在生产作业计划阶段，做什么、做多少的问题都已经确定了，作业计划相当于回答以下两个问题：

- 应该分配哪些资源来执行每个任务？
- 每个任务应该在什么时候执行？

生产作业控制是指在生产作业计划执行过程中，对作业活动和产品生产的数量及进度等进行控制。由于计划执行过程中常会遇到无法预测的问题，这些问题会影响计划的顺利完成，因此需要及时检查执行结果，发现实际生产情况与计划的偏差，并在必要时进行调整，通过有效的控制措施，确保生产作业活动顺利进行，顺利完成计划任务。

车间作业计划的基本架构如图 5-1 所示，包括订单排序、车间作业调度、输入/输出控制、派工、生产活动控制及反馈等。

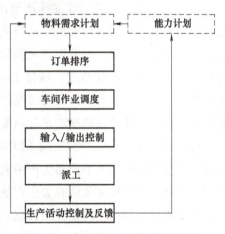

图 5-1 车间作业计划的基本架构

对应生产作业计划功能，GB/T 37393—2019《数字化车间 通用技术要求》设计了车间计划与调度信息集成模型，如图 5-2 所示。其中，虚线框中为生产计划与调度的功能，包括详细排产、生产调度、生产跟踪。其主要业务流程是：

（1）数字化车间从企业生产部门获取车间生产计划（或通过接口自动接收 ERP 系统的生产订单），根据生产工艺形成工序作业计划，根据生产计划要求和车间可用资源进行详细排产、派工。

（2）将作业计划下发到现场，通过工艺执行管理模块指导生产人员或控制设备按计划和工艺进行加工。

（3）生产执行过程中，实时获取生产相关数据，跟踪生产进度，并根据现场执行情况的反馈实时进行调度。

（4）根据生产进度偏差对未执行的计划重新优化排产，并将生产进度和绩效相关信息反馈到企业生产部门或 ERP 系统，完成车间计划与调度的闭环管理。

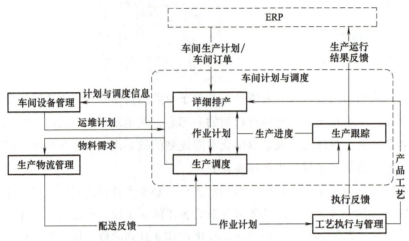

图 5-2　车间计划与调度信息集成模型

（资料来源：GB/T 37393—2019《数字化车间 通用技术要求》）

详细排产、生产调度和生产跟踪三大功能模块的作用如下：

（1）详细排产。以完成订单需求和满足车间生产计划为目标，根据产品工艺路线和可用资源制订工序作业计划。排产过程中需综合考虑当前计划完成情况、车间生产与物流设备、人员、物料等资源的可用性、实际产能及节能因素，生成基于精益化生产理念、以柔性制造为目标的生产排产计划，并发送给生产调度模块。详细排产基本对应图5-1中的"订单排序"。

（2）生产调度。基于详细排产给出的作业计划，分派设备或人员进行生产，并对生产过程出现的异常情况进行管理。从数字化车间的角度看，生产调度应能实时获取生产进度、各生产要素运行状态，以及生产现场的各种异常信息，具备快速反应能力，可及时处理详细排产中无法预知的各种情况，敏捷地协调人员、设备、物料等生产资源，保证生产作业有序、按计划完成。获取生产现场状况的方式主要是基于第4章介绍的工作数据采集方法。若异常事件导致无法通过调度满足计划要求，则需通过详细排产重新进行优化排产。

（3）生产跟踪。这是为了向ERP等上层系统反馈生产计划执行过程中信息所做的准备工作，如总结和汇报关于产品生产中人员和设备的实际使用、物料消耗、物料生产，以及其他如成本和效益分析需要的有关生产数据信息。生产跟踪还向详细排产以及更高层的企业生产计划提供反馈信息，以使各层计划能根据当前情况进行更新，保证客户订单及时完成。

## 5.3　APS 的概念与功能

### 5.3.1　APS 的概念与内涵

**1. APS 的概念**

APS（Advanced Planning and Scheduling）即高级计划与排程。迄今为止，关于APS还

没有一个统一的定义，也有人将 APS 解释为 Advanced Planning System，即高级计划系统。

美国生产与库存控制学会（APICS）在 APICS 词典中将 APS 定义为"任何使用高级数学算法或逻辑在有限容量调度、采购、资本规划、资源规划、预测、需求管理等方面进行优化或仿真的计算机程序。这些技术同时考虑一系列约束和业务规则，以提供实时的计划与排程、决策支持、可供应量（Available to Promise，ATP）和承诺产能（Capacity to Promise，CTP）等功能"。PSLX（Planning and Language on XML Specification）联盟将 APS 系统定义为"一种系统和方法论，其中的决策过程（如工业中的计划和排程）在企业内部或企业之间的不同部门之间进行协调和同步，以实现全面和自主的优化"。另外，威多尼（Melina C. Vidoni）等认为 APS 是一种信息软件系统，旨在通过运筹学、遗传算法和仿真等高级求解方法解决一个或多个工厂计划问题。APS 必须与企业系统（ES）进行互操作，以实现协调的工作流程。

**2. APS 与 ERP、MRP、MRP II**

APS 源于 ERP 系统中计划功能的不足。众所周知，早期 ERP 系统的核心都是物料需求计划（MRP）系统，其核心功能是逐级物料清单展开和净需求计算。这种系统分两步制订生产计划：第一步，使用预测或主生产计划作为输入数据，并假设无限的产能来计算物料需求；第二步，计算所需的设备能力。换句话说，物料和能力是分开计划的，在生产过程的后期才考虑设备能力的可用性。因此，这种计划通常不可行，因为系统"允许在不考虑组件零件可用性的情况下向车间释放工单"。为了将不可行的计划转变为可执行的计划，需要更改输入数据并重复整个计划过程。但系统不会就应该对输入数据进行哪些更改做出任何建议。此外，即使为车间活动准备了可行的计划，它们也没有优化，通常会被车间控制人员推迟，以优化工单的操作顺序。

后来，MRP 被 MRP II 取代。在 MRP II 中，物料需求计划之后是能力需求计划、调度和其他顺序执行的计划程序。由于其按顺序制订计划，计划过程导致了较长的处理时间。这会导致较长的计划周期，进而导致最终的计划结果变得过时。此外，MRP II 仍然基于无限的资源可用性，无法执行跨工厂计划，对车间调度方案的优化非常有限，需要用户手动进行优化。例如，即使在先进的 ERP 系统中，批量和排序也被视为独立的决策，物料清单通常不包括加工路线数据，很难保持主生产计划和工厂车间计划之间的一致性，也很难评估工厂车间发生的不可预测事件对最终客户订单的所有影响。

作为对传统 ERP 系统局限性的回应，学术界与企业界共同提出并发展了 APS 的概念。APS 既是一种相对较新的方法，也是一套软件系统。它利用有限的物料可用性和工厂资源能力来规划和满足客户需求。它考虑了企业级和工厂级的约束，同时考虑物料和能力问题，并将制造、分销和运输问题整合在一起。APS 规划引擎基于优化算法和约束规划算法，使企业能够根据财务和其他战略目标优化计划，并创建满足多个目标的计划。与传统的 ERP 系统不同，APS 寻求找到可行的、接近最优的计划，同时明确考虑潜在的瓶颈。尽管 APS 的计划功能已扩展至供应链范围，但大多数实现仍限于单个工厂或车间。

需要说明的是，APS 系统并非替代现有的 ERP 系统，而是对其进行补充和扩展。ERP 系统主要处理基本的活动和事务，如客户订单和财务管理；而 APS 系统则侧重于提供分析和决策支持。APS 可以作为 ERP 系统的一个子系统实现，或者作为独立的软件系统运行。它既可以自主执行，也可以与 ERP 系统协同工作。

**3. APS 与 MES**

APS 与 MES 是密切相关的生产管理软件系统，功能上互补。二者虽然在车间排程方面有部分功能重叠，但总体功能差异显著。

MES 主要专注于车间层面的生产执行和控制，负责实时采集和处理生产数据，执行生产指令，监控生产过程，并提供生产绩效分析；APS 系统则侧重于生产计划和排程，根据市场需求、生产能力和资源约束生成优化的生产计划，并下发给 MES 执行。

APS 系统可以与 MES 进行数据集成，获取车间层面的实时生产数据，如生产进度、设备状态、物料库存等。这些数据可以用于 APS 系统的计划优化，使生成的生产计划更加贴合实际生产情况，提高计划的可执行性和有效性。

此外，APS 系统还可以与 MES 进行协同控制。例如，当 MES 检测到生产异常时，可以将信息反馈给 APS 系统，由 APS 系统重新调整生产计划，并下发新的指令给 MES 执行，确保生产流程的顺畅进行。

APS 系统与 ERP 系统、MES 之间的关系如图 5-3 所示。

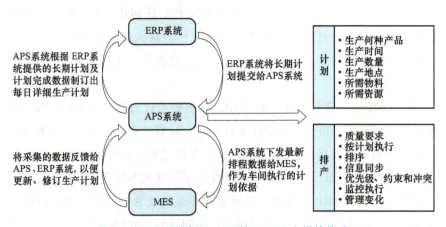

图 5-3　APS 系统与 ERP 系统、MES 之间的关系

## 5.3.2　APS 的功能及特征

**1. 计划层次和职能领域**

APS 系统可应用于企业的不同计划层次和不同职能领域。用于设计供应链网络的 APS 与用于为工厂的某个部分制订详细计划的 APS 是完全不同的。图 5-4 显示了 APS 可以提供计划支持的多个领域。

生产控制层次结构与 APS 模块结构存在着明显的相似性。实际上，可以将 APS 结构视为生产控制结构的一种具体实现形式。尽管来自不同供应商的 APS 模块种类繁多，但大多数模块都能够遵循这一框架。

用于供应链网络设计和销售与运营计划的 APS 在模型设置方面具有较高的相似性。然而，销售与运营计划模型通常比网络设计模型更加详

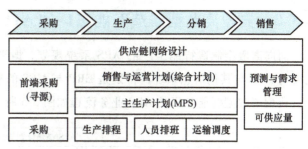

图 5-4　APS 计划层次和职能领域

细，这意味着它包含更多的计划项目和资源。用于预测与需求管理的 APS 则旨在处理大量市场相关数据，生成用于销售与运营计划和主生产计划的预测结果。按照严格的 APS 定义，预测与需求管理系统并不属于真正的 APS，因为它们仅处理需求方面的问题。用于销售与运营计划、主生产计划生产排程的 APS 有时可以用于采购决策。主生产计划 APS 通常用于承诺订单，即根据工艺路线、产能状况、物料可用性和销售计划确定订单的到期日。因此，可供应量通常是主生产计划 APS 的重要组成部分。此外，用于生产排产的 APS 是 APS 系统的经典应用，它将作业序列分配给设备。

**2. APS 的技术特征**

尽管 APS 系统的功能会因行业和实施范围而有所差异，但大多数 APS 系统都具备以下共性技术特征：

（1）强大的计划引擎。APS 系统基于优化和约束算法的计划引擎，能够生成接近最优的生产计划方案，并支持仿真技术，允许在计划发布之前模拟不同方案的效果。基于约束的规划与优化的区别在于，基于约束的规划产生可行但不一定是最优的规划，因为只有约束而不考虑规划优化目标或准则。

（2）多目标规划能力。APS 系统能够综合考虑企业和工厂层面的各种约束条件，根据企业的财务和其他战略目标，创建满足多重目标并尽可能接近最佳方案的生产计划。

（3）瓶颈识别与处理能力。APS 系统能够明确识别生产过程中潜在的瓶颈环节，并制定有效的策略加以解决，确保生产流程的顺畅进行。

（4）资源统筹调度能力。APS 系统能够统筹考虑可用物料、人员和产能等资源的状况，制订合理的生产计划和排程，提高资源的利用效率。

（5）车间层面的有限产能计划能力。APS 系统能够针对车间层面的有限产能情况进行精细化规划，充分利用产能资源，提升生产效率。

（6）分层计划与集成能力。APS 系统支持从战略计划到业务计划等各个层面的分层计划，并能够有效协调和集成各领域之间的信息流，实现总体优化。

（7）跨领域调度能力。APS 系统能够将预测、制造、分销和运输等多个领域的调度任务进行集成，实现各环节之间的衔接，优化供应链整体运作。

### 5.3.3 典型离散型制造智能工厂的 APS 系统规划

面向离散型制造智能工厂的 APS 系统规划，既要从业务层面设计计划的范围和功能，也要对 APS 与其他信息系统，特别是 ERP 与 MES 的集成进行规划。

典型离散型智能工厂的 APS 业务流程如图 5-5 所示。

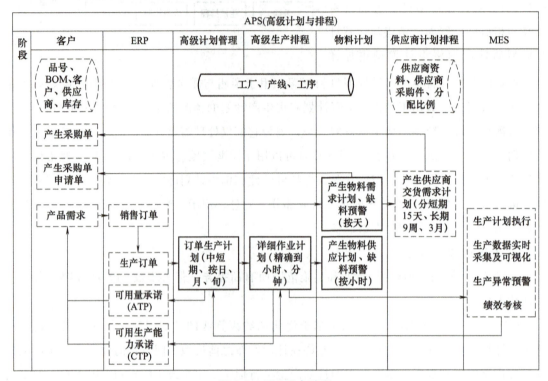

图 5-5 APS 业务流程

从核心功能模块上看，典型的 APS 通常包括基础数据管理、生产订单管理、生产计划管理、作业排程管理和资源管理五个模块。根据生产管理需求的不同，对这些模块可以灵活选择。表 5-2 展示了 APS 功能架构中各模块的功能。

表 5-2 APS 功能架构中各模块的功能

| 模块 | 内容 | 功能 |
| --- | --- | --- |
| 基础数据管理 | 公共代码管理 | 包括但不限于系统代码类型维护、编码规则维护等功能 |
|  | 标准数据管理 | 管理制造运行中的各种资源及其能力数据 |
|  | 规则管理 | 包括但不限于业务参数维护、业务规则维护等功能 |
|  | 安全管理 | 包括但不限于程序管理、用户管理、角色管理、权限管理等功能 |
| 生产订单管理 | 生产订单信息管理 | 接收并管理订单基本信息、制造标准信息、产品交付条件等生产订单信息 |
|  | 产品替代管理 | 根据生产订单信息匹配库存中符合要求的产品，调整相应产品的生产需求量 |
|  | 订单合并管理 | 对具有相同制造标准及交付条件的订单进行合并处理，便于生产计划与排程 |

(续)

| 模块 | 内容 | 功能 |
|---|---|---|
| 生产订单管理 | 原料需求管理 | 根据生产订单制造标准,计算原料的需求信息及需求量 |
| | 生产需求管理 | 对经过需求量调整和订单合并的生产订单的净需求量进行计算和管理 |
| 生产计划管理 | 工艺设计 | 根据生产订单信息进行生产工艺相关的设计,如坯料料型设计 |
| | 物料需求计划 | 根据产品工艺生成物料需求计划 |
| | 产能计划 | 根据订单的制造标准信息、制造资源等信息计算产能,编制产能计划 |
| | 生产订单跟踪 | 接收作业及生产实时数据,以订单为中心管理各工序的生产进程,提供订单的生产进度信息 |
| 作业排程管理 | 滚动作业计划 | 基于生产计划、业务规则、基本约束等因素,实时更新各工序作业顺序 |
| | 滚动作业调度 | 监控和协调各工序作业计划,在满足生产计划的前提下协调优化各工序的生产节奏,并实时更新 |
| | 运输计划 | 根据采购来料、作业计划、工序产出与发货计划等物料需求,编制入库、出库和移库运输计划 |
| 资源管理 | 物料管理 | 对生产工序中的原料、在制品、产品进行管理 |
| | 设备资源管理 | 对设备资源进行管理,跟踪设备和相关工序的运行状态 |
| | 人员管理 | 维护人员的能力资质、所操纵设备、工作时间等信息 |

## 5.4 APS 调度算法与排程策略

调度算法是 APS 的核心技术。这里的算法可以定义为一系列的步骤,这些步骤通过编程写入 APS 系统中,以使部分计划或排程决策自动化。常见的 APS 优化算法可以分为两大类:精确算法和近似算法。其中,精确算法主要包括数学规划算法、线性规划算法等。工厂实际排程问题往往规模较大且存在众多约束,用精确算法计算最优解较为困难。近似算法又可以分为三个阶段:传统的启发式算法、元启发式算法以及机器学习算法。但是,在实际应用中,大多数 APS 系统仍以启发式算法及元启发式算法为主。本节对这两种算法进行详细的说明。

### 5.4.1 启发式算法

启发式算法是一种基于经验和直觉构建的算法,能够在可接受的计算时间和空间成本内,为每个待解决的问题实例提供一个可行解。虽然这种算法不保证找到最优解,但在实际应用中,它能在合理时间内产生质量相对较高的解。常见的启发式算法主要有以下几种:

(1)先到先服务(First Come First Served, FCFS):按照接到需求任务的时间顺序确定生产顺序,就像购物时先到达收银台的顾客先结账,不允许插队。

(2)后到先服务(Last Come First Served, LCFS):与 FCFS 相反,优先安排最晚接到的需求任务,类似弹匣中的子弹,最后被压入的子弹最先被射出。

(3) 最短加工时间（Shortest Processing Time，SPT）：也称最短工期，按照每个需求任务的耗时长短来确定加工顺序，耗时越短的任务越先安排。

(4) 最早交货期（Earliest Due Date，EDD）：按照接收到的需求任务所要求的交货时间来进行排程，交货期越靠前的任务越早被安排生产。

(5) 工期和交货期之间距离最小规则：基本原理是用每个生产任务的交货期减去当前的日期，然后再除以该任务的工期，以此来衡量每个任务的紧急程度。具体来说，如果一个任务的交货期减去当前日期的差值越小，那么这个任务就越紧急，应该优先进行排程；反之，如果一个任务的交货期减去当前日期的差值越大，那么这个任务就不那么紧急，可以稍微延后进行排程。这种方法的优点是既考虑到了交货期的紧迫性，又考虑到了工期的长短。也就是说，它既保证了生产的及时性，又保证了生产的效率。

(6) 紧迫系数（Critical Ratio，CR）最小规则。计算方法为交期减去当前日期之差，再除以工期。该数值越小，表示任务的紧急程度越高，排程优先级也越高。

## 5.4.2 元启发式算法

元启发式算法是启发式算法的改进，是随机算法与局部搜索算法相结合的产物。它提供了一套框架或者原则，通过引入多样化、避免早熟收敛等机制，增强算法跳出局部最优解区域的能力。群智能算法，如遗传算法、粒子群优化和蚁群算法等，以及模拟退火算法、禁忌搜索算法等通常被认为是元启发式算法，因为它们包含了一系列策略来指导搜索过程，以期达到全局最优解。下面通过最常见的遗传算法的流程、框架来说明元启发式算法框架。

遗传算法（Genetic Algorithm，GA）是一种模仿自然界生物进化原理的随机搜索算法，属于群智能算法的范畴。它通过构建一个人工种群，并利用选择、交叉和变异等进化机制，算法在每一代中不断迭代，模拟生物的自然选择过程，经过多代的演化，种群中的个体逐渐优化，期望达到接近最优解的适应度水平。遗传算法的流程如图 5-6 所示。

从图 5-6 可知，遗传算法的主要步骤有编码、初始化种群、适应度计算、选择、交叉、变异操作以及终止条件判断，并且迭代运算直至寻到一个满意的解或达到预先设定

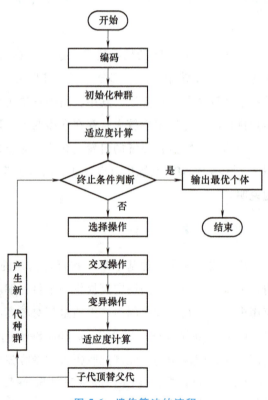

图 5-6 遗传算法的流程

的迭代次数时为止，下面是对遗传算法的主要过程的介绍：

（1）编码。按照遗传算法的工作流程，当用遗传算法求解问题时，必须在实际问题与遗传算法的染色体之间建立联系，即确定编码和解码运算。通常是以字符串（如二进制串、实数编码串等）的形式进行编码表示一个染色体个体，染色体个体即问题可能的解。

（2）初始化种群。初始化种群是算法启动的第一步，它随机生成一组初始的解集，这些解被称为个体，而整个解集则构成一个种群。

（3）适应度计算。适应度计算是评估个体在种群中生存和繁衍能力的重要指标。适应度用于度量个体在特定问题环境下的适应程度，通常根据问题的目标函数或评估函数来确定。

（4）选择操作。选择操作的主要目的是从当前群体中选出优良个体，使它们有机会作为父代繁殖子孙。根据个体的适应度，按照一定的规则或方法从上一代群体中选择出一些优良的个体遗传到下一代群体中。一般常用的方法有轮盘法和期望值法。

（5）交叉操作。交叉操作是一个关键的步骤，它模拟了自然界中的生物交配过程。交叉操作是在两个选定的个体（父代）之间进行的，目的是通过交换它们的部分基因来产生新的个体（子代）。一般遗传算法中常见的交叉方式有单点交叉和两点交叉，其运作方式分别如图 5-7 和图 5-8 所示。

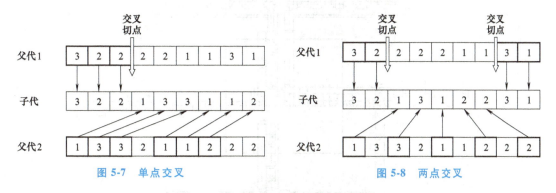

图 5-7　单点交叉　　　　　　　　图 5-8　两点交叉

（6）变异操作。遗传算法中的变异操作是一种模拟生物进化过程中基因突变现象的操作。它通过在个体的染色体上随机改变某些基因的值，来引入新的遗传信息，从而增加种群的多样性。变异操作的具体实现方式有多种，包括双点变异、移动变异、基本位变异、均匀变异、非均匀变异和自适应变异等。其中双点变异、移动变异的运作方式分别如图 5-9 和图 5-10 所示。

图 5-9　双点变异　　　　　　　　图 5-10　移动变异

（7）终止条件判断。遗传算法中的终止条件判断是确保算法在适当的时候停止运行的关键步骤。终止条件通常基于预设的最大迭代次数、解的适应度是否满足预设标准、最优解的稳定性、种群多样性的降低或系统资源限制等因素来判断。当满足其中任一条件时，算法将停止迭代并输出最终解。

下面用一个使用遗传算法进行优化排程的案例来说明在 APS 系统中如何应用遗传算法求解混流生产线产品分组指派问题。

一家冰箱生产企业有 9 种产品和 3 条生产线，生产计划期为 15 天，冰箱装配时箱体发泡工序需要特定的发泡设备完成，不同的产品需要在设备上更换模具。每条生产线可以安装模具的模位数量为 18 个，模具每次调整费用为 50 元/台，单副模具每日生产量为 120 台。图 5-11 是其中一条冰箱装配线的部分布局，冰箱首先从装配线右侧开始装配，然后在中间的发泡设备上进行加工，发泡完成后从左侧输出到装配线继续装配其他零部件。9 种产品的计划期需求量（单位：台）分别为 9000, 9000, 5400, 16200, 9000, 16200, 14400, 7200, 7200；生产线初期模具的分布状况为 L1 有 5 副产品 1、3 副产品 5 和 10 副产品 7，L2 有 7 副产品 3、5 副产品 9 和 3 副产品 4，L3 有 8 副产品 2、7 副产品 4 和 2 副产品 8；冰箱的零部件有几十种，考虑到研究的方便性，选取其中 10 种关键零部件进行计算。

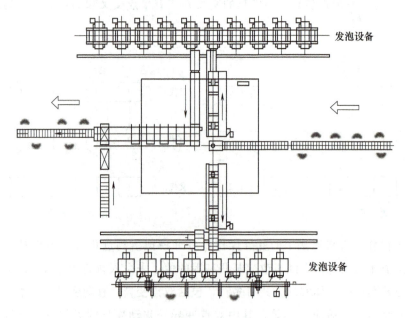

图 5-11 冰箱装配线的部分布局

用 APS 系统遗传算法求解该混流生产线产品分组指派问题，流程如图 5-12 所示。

该混流生产线产品分组指派问题的求解目标为设备调整费用最小化与产品零部件相同度最大化。约束条件包括资源约束、工艺路线约束等，并且遗传算法中相关参数的设定是种群规模 40，交叉率 0.8，变异率 0.1。最终得到的产品分组指派结果如表 5-3 所示。

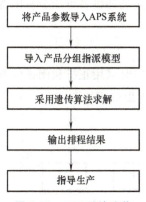

表 5-3 产品分组指派结果

| 终止代数 | 40 |
|---|---|
| 染色体 | [123312123] |
| L1 | 产品号 1,5,7 |
| L2 | 产品号 3,6,8 |
| L3 | 产品号 2,4,9 |
| 目标最大综合值 | 27.65 |

图 5-12 APS 系统遗传算法求解流程

从上表所示结果可知，APS 系统应用遗传算法的运算结果最大限度地减少了原有设备的调整数量，同时对部分产品做了调整，使产品零部件相同度高的产品在同一条生产线加工，较大限度地优化了企业的生产效率。

### 5.4.3 排程策略

正向排程、逆向排程和双向排程是 APS 中常见的三种排程策略/方向。在实际应用中，可以根据具体的任务情况和需求，选择合适的排程策略来进行排程。

**1. 正向排程**

这是从计划的开始日期向前计算，逐步安排作业和生产任务的排程方式，简称正排，如图 5-13 所示。它是实际生产环境中应用最多的一种方式。正排的优势是简单直观、易于理解和操作，设备和人员能得到充分利用，产能利用率高；但是，在不能提前交货的情况下，可能会因为提前完成生产任务，没有到交货期不能发货而形成库存。正排通常用于处理紧急订单或是交货期答复。

图 5-13 正向排程

**2. 逆向排程**

基于订单交货日期逆向计算，以确定开始日期和所需资源，称为逆向排程或倒向排程，简称逆排或倒排，如图 5-14 所示。逆排的优势和劣势与正排相反，其优势在于强调在最终

图 5-14 逆向排程

交付时间附近达到目标，可以很好地控制库存量；但是，前期人员和设备可能会有闲置，损失部分产能。逆排常用于准时化生产。

**3. 双向排程**

瓶颈资源前采用倒排，而在瓶颈资源后采用正排，将这种同时采用正排和倒排的方式称为双向排程或混合排程，如图 5-15 所示。双向排程能够保证瓶颈资源连续工作，并且均衡了产线利用率和库存量；但是，也使得排程的计划难度升级。

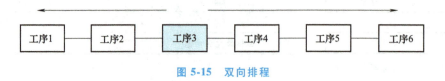

图 5-15 双向排程

## 5.5 部分 APS 产品的功能与特点

从前面的描述中可以看出，有许多不同类型、不同领域的计划与排程问题。一个 APS 系统不可能被设计得适合任何领域的任何问题。当前市场上存在多种 APS 产品，它们各具特色，适用于不同的行业和场景。本节介绍目前市场上四个常用的商业计划与排程系统。这四个系统都是通用的，它们的设计方式使它们能够适应并适合各种行业的实现。这四个 APS 系统分别是：①Asprova APS，该系统是目前日本使用最广泛的调度系统；②SIEMENS Opcenter APS，其前身是由英国软件公司 Preactor International 开发的 APS 系统，现在是 SIEMENS Opcenter 套件的一部分；③DELMIA Ortems，它是法国工业软件公司达索系统公司销售的产品组合的一部分；④国产自主研发的易普优 XPlanner APS。了解这些产品的内容与特点，对规划适合企业自身需求的 APS 系统具有重要的意义。

### 5.5.1 Asprova APS

Asprova 公司是日本最早专门研发生产排程软件的公司，其 Asprova 生产排程软件在全球已有超过 3000 家工厂导入。Asprova 的旗舰产品 APS 系列，不仅可以用于生产调度，也可以用于采购和销售。在实际应用中，Asprova APS 可以与各种常用的 ERP 和数据库系统集成，包括 SAP、Oracle 和 Microsoft Access 等。

作为一款传统的生产排产软件，Asprova APS 的主要功能之一是提供短期生产过程排产方案。凭借其长期计划和排产能力，它还可以生成季度生产计划以及年度经营计划。Asprova APS 通过编制物料采购、生产以及客户交付计划，可以显著缩短提前期，减少库存。

Asprova APS 的排程引擎为用户提供了极大的灵活性，它允许用户：
1) 创建调度规则，按照优先级顺序分配任务。
2) 合并作业，以减少每个生产步骤的准备时间。

3) 以最小化总准备时间的方式安排工作顺序。

4) 考虑缓冲时间，前向或后向排程。

5) 创建预排计划，平衡工作负荷，但暂不固定任务顺序。

6) 基于瓶颈分析进行排产。

Asprova 将包含所有相关数据的一个排产计划称为项目。它可以同时打开多个项目，每个项目可以访问多个包含生成排产计划所需数据的表格（数据库）。Asprova 默认通过操作系统的文件系统处理输入和输出数据，即不局限于特定的数据库格式。

Asprova 允许添加外部插件来扩展其功能。这些插件可以使用 Visual Basic、Visual C++、Delphi 等语言创建。用户可以通过对话框注册插件、编辑注册内容或取消注册插件。

Asprova 的图形用户界面（GUI）非常直观，可以显示排产计划、设备负荷和性能指标。图 5-16 所示为一种传统的资源甘特图，展示了任务分配给不同设备的情况（即甘特图的纵轴指定了不同的设备）。属于同一工单且分配给不同设备的任务可以在甘特图中通过实线相互关联。Asprova 还可以随设备负荷，如图 5-17 所示。

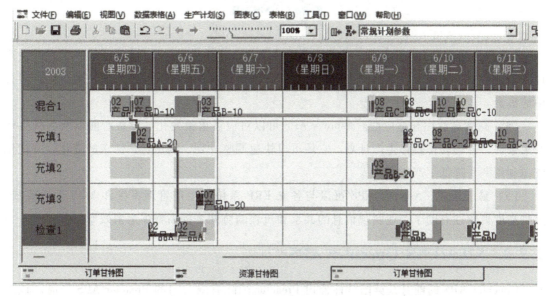

**图 5-16　资源甘特图**

Asprova APS 相较其他 APS（高级计划与排程）产品，其特点主要体现在以下几个方面：

（1）高度可视化管理。Asprova APS 提供了丰富的可视化管理功能，通过资源甘特图、订单甘特图、工作甘特图、库存图、负荷率图等，用户可以在画面上清晰地确认未来的计划。这种可视化管理不仅使生产计划更为直观，还有助于管理者及时发现并解决问题。

（2）超高速的排产和数据处理能力。Asprova APS 拥有 25 年以上持续优化的排产逻辑运算以及强大的数据处理能力，即使是 10 万标准作业数，也能在 2 分钟左右完成处理。这种高效性确保了生产计划的快速制订和调整。

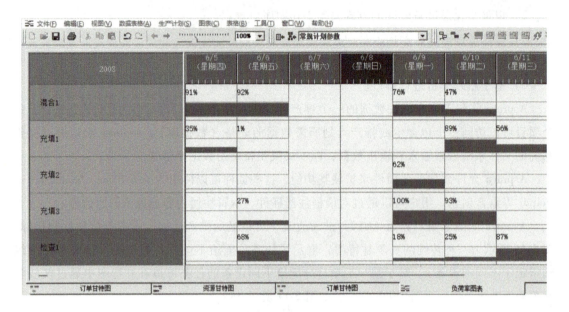

图 5-17 负荷率图

（3）精确到秒的生产计划。Asprova APS 可以将工厂中的每一台设备、每一个人的生产计划精确到秒，并输出可执行的工作指示。这种精确性有助于提高生产效率，减少生产过程中的浪费。

（4）高度灵活性和适应性。Asprova APS 可以对应需求量变化、设备产能以及各种生产约束条件，合理安排具体生产计划。它还可以快速调整计划，满足客户需求的变化，并优化资源利用率，降低生产成本。

（5）易于集成。Asprova APS 可以与各家 ERP 系统、生产管理系统和 MES 无缝集成。这种高度集成性有助于企业实现信息的共享和流程的协同，提高整体运营效率。

## 5.5.2　SIEMENS Opcenter APS

Opcenter APS 的前身是英国软件公司 Preactor 国际有限公司的 Preactor APS 产品。该系统最初的目标是提供具有高端的排产性能，而尽量不会对用户进行任何限制的通用应用产品。而且，它可以用于对离散、连续或半连续生产过程进行建模和排程。这些过程可以基于任何制造理念，无论是精益生产、约束理论（TOC）还是准时制（JIT）。系统既可以集成到大型软件系统中，也可以作为独立系统运行，而且无论哪种情况，用户界面都保持相同。Preactor 于 2013 年被西门子公司收购后，成为西门子数字化工业软件旗下的一款生产规划和调度软件产品，以 SIEMENS Opcenter APS 的名称进行销售。图 5-18 所示是 Opcenter APS 图形界面。

Opcenter APS 将高级计划与排程分成高级计划（Advanced Planning，AP）和高级排程（Advanced Scheduling，AS）两部分，如图 5-19 所示。

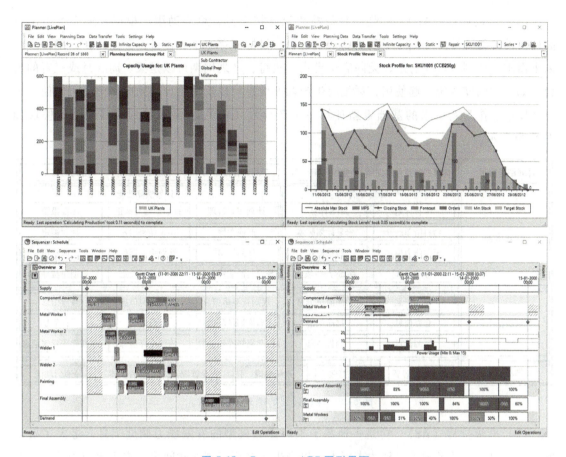

图 5-18 Opcenter APS 图形界面

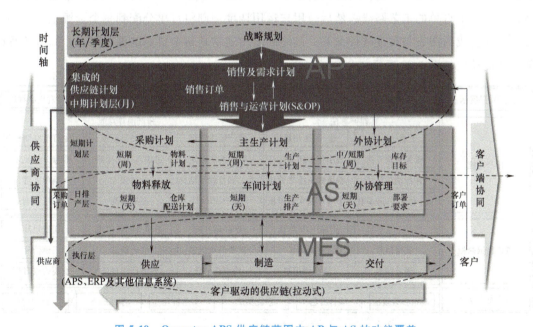

图 5-19 Opcenter APS 供应链蓝图中 AP 与 AS 的功能覆盖

（1）高级计划（AP）。它是一种战略决策支持工具，可协助用户根据未来需求做出更高层次的排程决策。它结合了预测和长期订单、目标库存水平和储备资源能力，以确保满足未来需求。计划可以在有限或无限容量模式下执行，计划周期可以是天、周、月或三者的组合。如果与调度系统一起使用，详细的生产调度信息可以反馈给计划系统，然后可以使用生产调度信息作为新结果的基础重新计算主生产计划（MPS），高级计划的部分功能模块如图 5-20 所示。

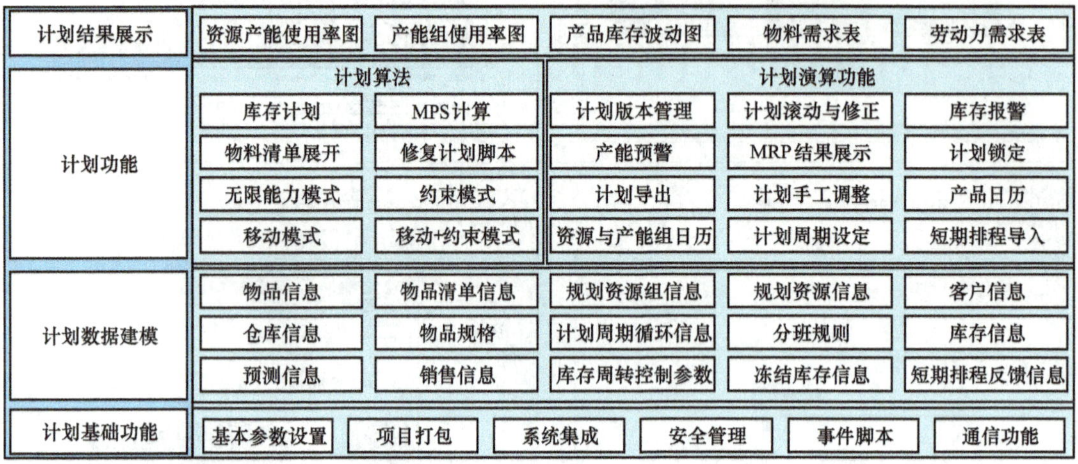

| 计划结果展示 | 资源产能使用率图 | 产能组使用率图 | 产品库存波动图 | 物料需求表 | 劳动力需求表 |
|---|---|---|---|---|---|
| 计划功能 | 计划算法 | | 计划演算功能 | | |
| | 库存计划 | MPS计算 | 计划版本管理 | 计划滚动与修正 | 库存报警 |
| | 物料清单展开 | 修复计划脚本 | 产能预警 | MRP结果展示 | 计划锁定 |
| | 无限能力模式 | 约束模式 | 计划导出 | 计划手工调整 | 产品日历 |
| | 移动模式 | 移动+约束模式 | 资源与产能组日历 | 计划周期设定 | 短期排程导入 |
| 计划数据建模 | 物品信息 | 物品清单信息 | 规划资源组信息 | 规划资源信息 | 客户信息 |
| | 仓库信息 | 物品规格 | 计划周期循环信息 | 分班规则 | 库存信息 |
| | 预测信息 | 销售信息 | 库存周转控制参数 | 冻结库存信息 | 短期排程反馈信息 |
| 计划基础功能 | 基本参数设置 | 项目打包 | 系统集成 | 安全管理 | 事件脚本 | 通信功能 |

图 5-20　高级计划的部分功能模块

（2）高级排程（AS）。它是一种基于工厂详细模型的有限能力调度工具，考虑了资源的实际可用性，并考虑了多种约束因素，以产生一个可实现的时间表。它主要用于需要对有限的设备、生产线和资源进行调度的制造工厂，但也用于服务和物流行业。通常输入的是制造订单及每个订单的工艺路线；然后，用户运用调度规则将订单分配到每个资源上，并使用甘特图和生成的图表与调度软件交互；最终的输出通常是每个资源的调度列表。高级排程的部分功能模块如图 5-21 所示。

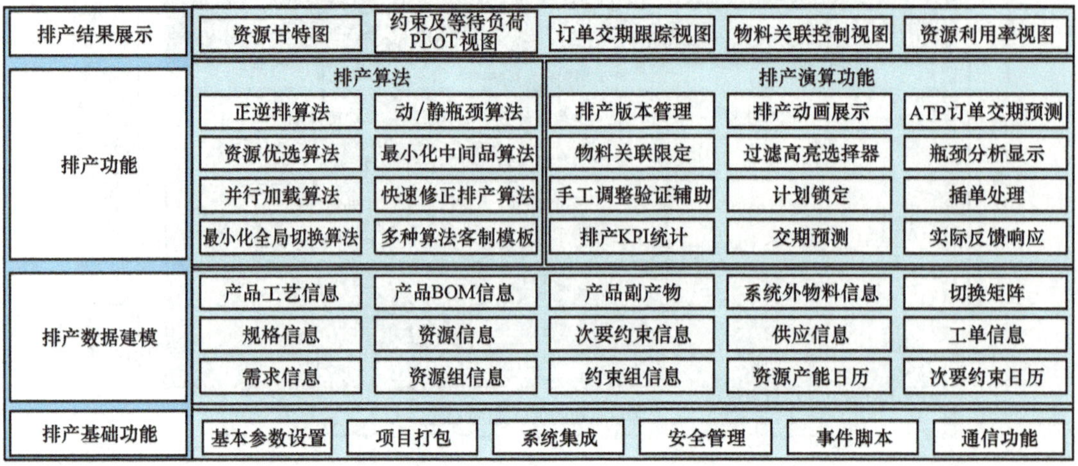

| 排产结果展示 | 资源甘特图 | 约束及等待负荷PLOT视图 | 订单交期跟踪视图 | 物料关联控制视图 | 资源利用率视图 |
|---|---|---|---|---|---|
| 排产功能 | 排产算法 | | 排产演算功能 | | |
| | 正逆排算法 | 动/静瓶颈算法 | 排产版本管理 | 排产动画展示 | ATP订单交期预测 |
| | 资源优选算法 | 最小化中间品算法 | 物料关联限定 | 过滤高亮选择器 | 瓶颈分析显示 |
| | 并行加载算法 | 快速修正排产算法 | 手工调整验证辅助 | 计划锁定 | 插单处理 |
| | 最小化全局切换算法 | 多种算法客制模板 | 排产KPI统计 | 交期预测 | 实际反馈响应 |
| 排产数据建模 | 产品工艺信息 | 产品BOM信息 | 产品副产物 | 系统外物料信息 | 切换矩阵 |
| | 规格信息 | 资源信息 | 次要约束信息 | 供应信息 | 工单信息 |
| | 需求信息 | 资源组信息 | 约束组信息 | 资源产能日历 | 次要约束日历 |
| 排产基础功能 | 基本参数设置 | 项目打包 | 系统集成 | 安全管理 | 事件脚本 | 通信功能 |

图 5-21　高级排程的部分功能模块

另外，Opcenter APS 相对其他 APS 产品的特点主要体现在以下几个方面：

（1）实时性和灵活性。Opcenter APS 可以在不同的时间尺度上进行计划和调度，从长期规划到短期排程，它都能根据实时的需求与供应情况进行动态调整，从而保持计划的灵活性。这种实时性和灵活性使得 Opcenter APS 能够更好地应对市场变化，满足客户需求。

（2）可视化和协同。Opcenter APS 通过数据可视化的方式展示生产计划与调度的情况，帮助管理者实时了解生产进度、资源利用情况和瓶颈所在，并进行及时调整。同时，它还可以将相关信息与不同部门的系统进行协同，促进内部各个环节的协同作业，从而提高生产效率。

（3）信息集成和预测性分析。Opcenter APS 可以在实时收集的数据基础上进行信息集成和分析，通过数据挖掘和机器学习等技术，提供预测性分析和决策支持。这种能力使得 Opcenter APS 能够帮助企业更好地应对潜在的问题和风险，提高生产计划的准确性和可靠性。

（4）高效性和智能性。Opcenter APS 采用高级算法平衡需求和容量，并生成可实现的时间表。它不仅可以单独用于管理规划和调度，还设计用于和其他软件集成在一起，如 ERP、MES、数据收集、预测、需求计划和 OEE 应用程序等。通过与其他软件的集成，Opcenter APS 可以实现生产过程的全面优化和智能化管理。

（5）简化产品开发活动。Opcenter APS 还提供了 Opcenter Research, Development and Laboratory（RD&L）平台。该平台可以简化、优化和调整所有配方产品开发活动，同时确保符合所有质量和法规要求。这使得 Opcenter APS 在产品开发方面也具有独特的优势。

## 5.5.3 DELMIA Ortems

DELMIA Ortems 生产排程系统是由法国软件公司达索系统（Dassault Systèmes）推出的一个"敏捷制造计划软件"系统。DELMIA Ortems 由三个模块组成（见图 5-22）：制造计划

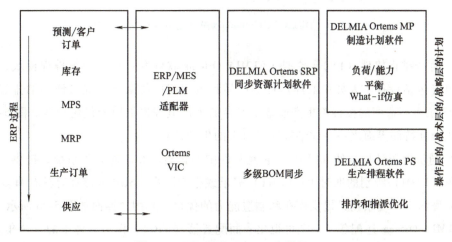

图 5-22 DELMIA Ortems 套件概况

软件（DELMIA Ortems Manufacturing Planner，MP）、生产排程软件（DELMIA Ortems Production Scheduler，PS）和同步资源计划软件（DELMIA Ortems Synchronized Resource Planner，SRP）。

（1）制造计划软件（MP）。它是 DELMIA Ortems 套件中的中期计划模块，集成了所有与资源和产品相关的约束。当物料需求计划（MRP）生成无限产能需求时，制造计划软件可将工单（WO）负荷与产能和到期日期相匹配，以推荐有限产能计划。制造计划软件提供了负荷分析视图，可立即识别所有主要和辅助资源面临的制造瓶颈；提供了丰富的交互式工具运行假设仿真，以便进行排程修改和假设仿真，以快速响应生产突发事件、产能问题，以及涉及内部资源和外协资源的客户需求变化。图 5-23 为该系统的一个用户界面，描绘了一个年度计划，其中显示了工厂每台设备相对于设备能力的每周负荷。

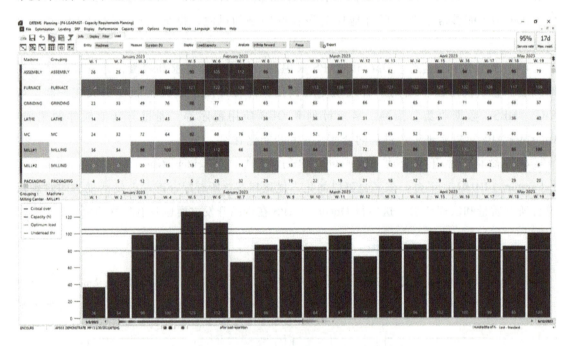

图 5-23　DELMIA Ortems 制造计划软件的用户界面

（2）生产排程软件（PS）。它是 DELMIA Ortems 软件套件中的详细排程模块，允许跨多个资源（包括设备、人员和工具）针对产品和流程相关约束条件提供详细的排程和集成管理。PS 还为制造商的按订单生产或基于库存的生产流程提供短期优化功能。图 5-24 显示了该系统的甘特图界面之一，详细描述了每天的生产计划。

（3）同步资源计划软件（SRP）。它是套件中的物料流和产能同步系统，提供了跨所有物料清单（BOM）级别的准时生产（JIT）需求或生产同步。SRP 能够针对具有跨多级 BOM 的生产流程约束的复杂场景提供库存和制造能力的优化。其用户界面如图 5-25 所示。

DELMIA Ortems 还配备了一个可视化界面配置器（VIC），作为套件中的一个集成模块，旨在简化企业信息系统内部的数据流通。此配置器实质上是一款界面适配工具，特点是操作

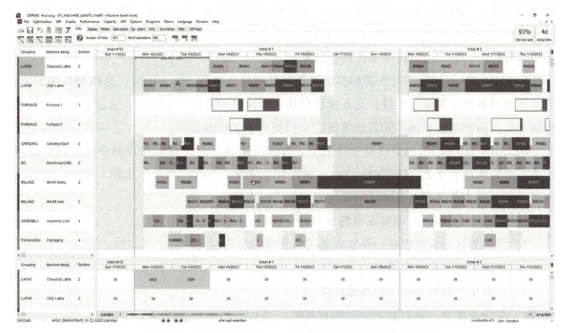

图 5-24　DELMIA Ortems 生产排程软件的甘特图界面

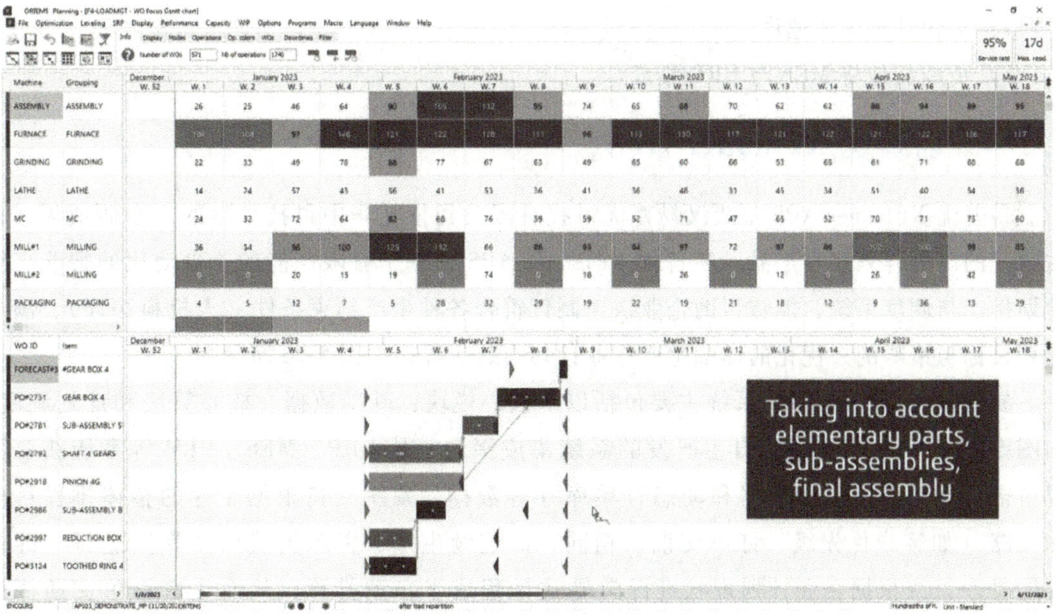

图 5-25　DELMIA Ortems 同步资源计划软件的用户界面

友好、技术门槛低,却拥有广泛的集成能力。通过这一模块,企业能够更加顺畅地将 Ortems 系统融入其现有的 ERP 系统框架中,实现两者间的高效协同。

DELMIA Ortems PS 具有可配置的优化引擎,在生成生产计划(通常是接近最优解的)时,可以考虑 70 个优化标准中的任意子集,同时为工厂内的各种不同资源创建计划。该优化引擎包含多种算法，包括优先级规则、基于约束的有限能力算法等。PS 解决方案使用户能够通过减少准备时间及原材料和在制品库存水平来提高工厂的生产效率。准备时间优化基于多参数矩阵，可以生成例如最优的颜色顺序。

DELMIA Ortems PS 的交互排程模块具备拖放功能，并允许作业拆分、冻结和日期固定，可实现即时再同步和多级传播。交互排程模块在需求波动或生产中断时，通过提供更紧密的控制和更高的响应水平提高管理的效能，从而提升了客户满意度。

DELMIA Ortems PS 的协作特性促进了所有供应链参与者（根据各自的责任级别）共同生成同步的生产进度表。DELMIA Ortems MP 与公司内部各部门及合作伙伴、客户、分包商和供应商共享生产进度表和关键绩效指标（KPI）数据。

使用 DELMIA Ortems 调度系统的公司通常有以下目标：
1) 提供更好的客户服务，并实现更可靠预测的交货时间。
2) 提高生产力并减少浪费。
3) 缩短生产周期并减少在制品库存。
4) 对负荷波动（执行过程中的固有现象）进行更严格的控制。
5) 在生产中断和需求波动面前提高响应能力。
6) 通过简单直观的用户界面获得更好的前瞻性。
7) 加快计划生成速度。
8) 更顺利地将 MES 与 ERP 集成。

### 5.5.4 易普优 XPlanner APS

易普优 XPlanner APS 是武汉易普优科技有限公司依托华中科技大学的产学研成果，自主研发的高级计划排程产品。易普优 XPlanner APS 是基于有限产能的、自动化的智能高级计划排产与调度系统，能够帮助企业快速制订符合各种生产约束条件（人机料法环）、满足计划目标与策略的、优化的详细生产作业计划。其主界面如图 5-26 所示。

易普优 XPlanner APS 系统主要包括以下核心模块：基础数据、核心算法和计划调度，如图 5-27 所示。系统通过自主研发的系统集成平台，从 ERP、MES、PLM 等系统获取排程所需的静态制造基础数据和动态订单库存等数据。系统支持根据企业的整体排程目标和策略（如客户优先级、订单交期、相同产品连续生产、资源负载均衡等）进行一键式智能排产，或根据企业计划现状进行向导式排程或半自动排程，从而生成订单交期评估结果、精细的工序级生产计划和准确的投料计划，并通过多种甘特图和报表形式展示计划结果。

易普优 XPlanner APS 排程算法的特点如下：
1) 支持有限产能、无限产能排程。
2) 支持正向排程、逆向排程、混合排程，可对生产任务进行正向、逆向、瓶颈排产。
3) 支持动态规划、模拟退火、遗传算法、神经网络等人工智能算法。

第 5 章 高级计划与排程

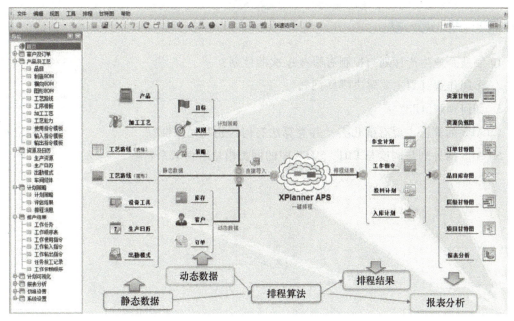

图 5-26 易普优 XPlanner APS 的主界面

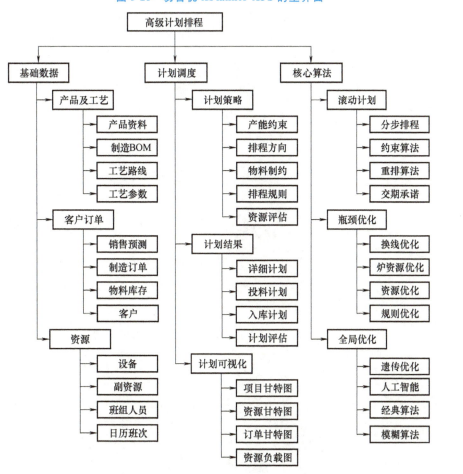

图 5-27 易普优 XPlanner APS 系统的功能框架

### 复习思考题

1. 制造企业生产计划与控制有哪些层次的计划?
2. 车间作业计划主要解决哪些问题?
3. 如何理解 APS?
4. APS 的算法主要有哪几类?各类算法有何区别和局限性?
5. APS 的计划与调度与 ERP、MES 中的同类模块有何联系?

# 第 6 章

# 工厂智能物料搬运系统

工厂的物料搬运是指在生产制造过程中,将原材料、零部件、在制品或成品从一个位置移至另一个位置的所有活动总称。它包括从原材料接收、存储、转移到生产线、在不同生产工序间流转,直至成品打包、存储和装载运输的全过程。物料搬运不仅涉及物品的实际物理移动,还包括与之相关的计划、控制、协调及信息处理等活动,最终将正确数量的物料以正确的方法、正确的成本、正确的状态和顺序送到正确的位置。

物料搬运系统的智能化规划设计是智能工厂规划的核心内容之一,特别是其中与生产关系直接相关的产线物料配送、工序间物料流转,直接影响生产效率和产品质量,是工厂物料搬运关注的核心。

## 6.1 工厂智能物料搬运场景与总体技术要求

智能物料搬运系统是智能工厂的重要组成部分,通过自动化、信息化和智能化手段,实现物料的高效、准确和柔性搬运,助力工厂提升生产效率、降低运营成本。

**1. 主要物料搬运场景**

智能物料搬运系统涵盖离散型制造智能工厂的多个关键环节,具体应用场景如下,如图 6-1 所示。

(1)来料入库搬运:将供应商送来的物料搬运至指定仓库位置,完成数量核对、物料交接和质量检验,实现准确接收、快速入库和物料的可追溯性。

(2)生产物料配送:根据生产计划进度要求,将原材料、零部件和半成品从仓库配送到各生产线或工作站,确保生产过程连续进行,实现精准、及时配送,避免生产中断和物料积压。

(3)工序间物料搬运:在生产过程中,不同工序之间搬运半成品或组件,确保在制品高效流转,实现工序间的无缝对接,避免延误和损坏,提高生产效率。

(4)成品入库搬运:将生产完成的成品搬运至成品仓库,完成入库登记和存储,确保

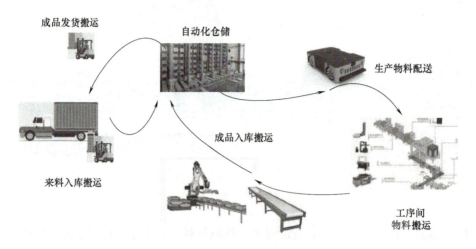

图 6-1 离散型制造智能工厂的主要物料搬运场景

成品的安全存储和库存管理的准确性。

（5）成品发货搬运：根据客户订单，从成品仓库提取成品，进行备货和发货，及时将成品交付给客户。

**2. 总体技术要求**

智能物料搬运系统应充分利用自动化、信息化和智能化技术，围绕搬运过程中的备料拣选、搬运路径规划、物料状态跟踪等方面提升物料搬运效率。智能物料搬运应满足以下总体要求：

（1）自动化搬运。采用 AGV、输送机等自动化搬运设备，实现物料搬运自动化，并具备灵活性和适应性，满足动态调整搬运路径和任务的需求。

（2）智能化配送。与智能管理系统和生产系统集成，根据生产计划实现智能配送和 JIT 配送，降低工位库存，并可实时调整配送策略，优化物料供应，提高生产效率。

（3）路径规划与优化。结合生产线布局和物料需求，对物流配送路径和运输模式进行精益化规划，实现路径与装载优化；采用先进算法和技术，确保物料搬运过程的高效、节能和成本最优。

（4）实时监控与追踪。利用传感器和物联网技术，实时监控物料和运输工具的状态和位置，获取实时数据，确保物料在整个搬运过程中的可视化和可控性。

（5）数据分析与决策支持。通过大数据分析和人工智能技术，对物流数据进行分析，支持优化决策和持续改进。

应用自动化搬运设备是工厂智能物流系统的基础，但智能物流系统的设计不仅限于引入自动化搬运设备。智能工厂的物料搬运系统设计要覆盖整个工厂范围内的物流优化，特别要重点关注根据生产计划实现产线物料的智能配送等。

## 6.2 物料搬运系统设计思路与方法

### 6.2.1 物料搬运系统方程

物料搬运系统的设计可以基于物料搬运系统方程,如图6-2所示。

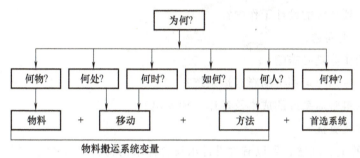

图6-2 物料搬运系统方程

方程中的"何物(What)"定义了要移动的物料类型,"何处(Where)"和"何时(When)"分别确定了空间和时间需求,"如何(How)"和"何人(Who)"提出了物料搬运的方法,"何种(Which)"给出了搬运方案的选择方法。回答这些问题后,可以得到推荐的物料搬运系统。物料搬运系统方程简记如下:

$$物料+移动+方法=推荐的系统$$

(1)"何物"类问题:
1)要移动的物料类型是什么?
2)它们的特征是什么?
3)移动和存储的数量是多少?

(2)"何处"类问题:
1)物料从哪里来?应当从哪里来?
2)物料交付到哪里去?应当交付到哪里去?
3)物料在哪里存储?应当在哪里存储?
4)哪些物料搬运工作可以取消、合并或者简化?

(3)"何时"类问题:
1)什么时候需要物料?应当在什么时候移动?
2)什么时候应用机械化或自动化?
3)什么时候进行物料搬运工作情况检查?

(4)"如何"类问题:
1)物料是如何移动或存储的?物料应当如何移动或存储?物料移动或存储的其他方式

是什么?

2)应维持多大的库存?

3)如何跟踪物料?物料应如何跟踪?

4)问题应当怎么分析?

(5)"何人"类问题:

1)谁来搬运物料?进行这些工作需要什么技能?

2)谁应接受培训,以服务和维护物料搬运系统?

3)谁应参与到系统的设计工作中?

(6)"何种"类问题:

1)哪种搬运作业是必需的?

2)如需要,应当考虑哪类物料搬运系统?

3)哪一种物料搬运系统的成本效率比更加突出?

4)哪一种方案更优?

通过系统回答上述问题,可以有效设计出符合需求的物料搬运系统,提高物流效率和管理水平。

### 6.2.2 物料搬运系统设计

在物料搬运系统方程分析的基础上,物料搬运系统设计流程如图6-3所示。

**1. 搬运系统设计的阶段**

搬运系统设计可以分为四个阶段:

第一阶段是外部衔接。这个阶段要弄清整个工厂与外界的道路连通问题,明确厂外道路通行情况,为后续厂内物料搬运与外部道路衔接打下基础。

第二阶段是编制总体搬运方案。这个阶段要确定各车间之间、仓库与车间之间的物料搬运方法,对物料搬运的基本路线系统、搬运设备大体的类型以及运输单元或容器做出总体决策。

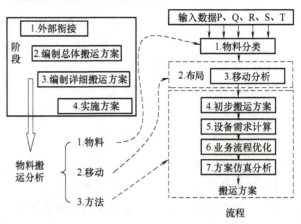

图6-3 物料搬运系统设计流程

第三阶段是编制详细搬运方案。这个阶段要考虑每个车间内部的物料搬运,要确定详细物料搬运方法。

第四阶段是实施方案。

**2. 物料搬运系统设计流程**

(1)物料的分类。物料分类的目的是针对不同类的物料设计不同的物料搬运方案。因此,只需根据可采用的搬运方式对物料进行分类。智能物流系统的设计应该重点关注物流量大的物料类别进行设计。

(2) 布局。在对搬运活动进行进一步分析之前，需要有一个布局方案，一切搬运方法都是在这个布局方案内进行的。这个方案应该在工厂设施布局阶段已经初步完成。物料搬运系统的设计是在车间布局设计的基础上的进一步工作，需要将车间布局方案作为设计的输入；物料搬运系统的设计反过来也会导致对车间布局方案进行微调。二者是一个相互迭代、不断细化的过程。

(3) 移动分析。确定每种物料在每条物流路线（起点到终点）上的物流量、搬运距离，以及搬运的批次、批量、时间等要求。

(4) 确定初步搬运方案。提出关于路线系统、设备和运输单元（或容器）的初步搬运方案，也就是把收集到的全部资料数据进行汇总，从而求得具体的搬运方法。实际上，往往需要提出几个合理的、有可能实行的初步方案。

(5) 设备需求计算。计算出所需设备的台数或运输单元的数量、成本。

(6) 业务流程优化。智能搬运系统的设计通常包含自动化装备以及信息系统的支持。系统的运行逻辑会发生较大的变化，需要对搬运系统运行的逻辑、信息传递和流转的逻辑及业务流程进行优化。

(7) 方案仿真分析。方案仿真系统是为了对方案的运行性能进行分析和优化，并为方案比较和最终选择提供依据。

## 6.3 PFEP 方法

### 6.3.1 PFEP 的概念、设计原则与内容

**1. PFEP 的概念**

"Plan For Every Part（PFEP）"又称"为每个零件规划"，是精益物流系统的一个关键工具。其目的在于详尽规划生产流程中每一种物料的相关事宜，确保记录与生产过程相关的所有信息。起初 PFEP 只是作为一个信息共享的工具，后来逐渐演化成为一种控制工厂物料流动及物流系统规划与设计的工具。PFEP 本质上是一个关于生产过程中涉及的物料的数据库，主要用来收集和记录生产物流中所涉及物料的详细信息。PFEP 数据库要求尽可能地包含物料在生产物流中的所有相关信息，且要详细具体。表 6-1 所示为一个典型的 PFEP 表格。

表 6-1 PFEP 样表

| 物料编码 | 物料名称 | 仓库 | 零件尺寸 (mm) | | | 来料包装类型 | 来料包装尺寸 (mm) | | | 来料包装容量 (pcs) | 容器类型 | 每托容量 | 采购周期 (天) | 存储周期 (天) | 日产能 (件) |
|---|---|---|---|---|---|---|---|---|---|---|---|---|---|---|---|
| | | | 长 | 宽 | 高 | | 长 | 宽 | 高 | | | | | | |
| 900001 | 视窗玻璃 | 01 | 240 | 136 | 40 | 纸箱 | 280 | 280 | 155 | 60 | 托盘 | 2160 | 7 | 8 | 1250 |
| 900002 | 马达 | 02 | 145 | 120 | 100 | 纸箱 | 580 | 490 | 325 | 36 | 托盘 | 576 | 6 | 9 | 1250 |

针对不同的生产工厂，PFEP表格的设计样式及其所需录入的信息可能会有所差异，这取决于各工厂实施PFEP的主要目标。然而，构建PFEP的根本目的始终是提升工厂内部信息的透明度与可获取性，从而助力生产管理的优化与决策效率。

**2. PFEP的设计原则**

在规划过程中，PFEP采用倒推式原则，即从零件的最终使用工位出发，向上游延伸至供应商。工位所需要的零件从工位边的物料缓冲区获取，在工位边的物料缓冲区的库存水平降低到设定水平后，将根据拉动原则从零件仓库内叫料，零件仓库内的零件则经过物料接收、运输等环节从供应商处获得，如图6-4所示。基于这个原则，规划PFEP所需记录的整个生产过程的物料信息。

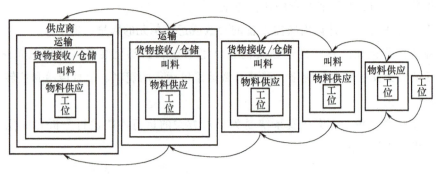

图6-4　PFEP的设计原则

**3. PFEP的内容**

虽然每个工厂对PFEP的使用目标和方式不同，记录的信息内容和记录方式也各不相同，但从物流管理和规划的角度来看，通常建立的PFEP数据表应包括以下几个方面的物料信息：

（1）基础信息，包括物料编号、物料名称、物料的尺寸和重量等。

（2）产线信息，包括物料上线方式、物料配送策略、料箱容量、料箱使用频率等。

（3）包装信息，包括物料包装方式、包装容量、包装重量、包装尺寸等。包装方式和容器在供应商来料、物料存储、分拣上线等各环节可能会发生变化，因此需要在不同阶段分别记录。

（4）供应信息，包括供应商编码和名称、供应距离等。

根据各工厂的现状和需求，以及物流系统要满足的有效物料供应支持，PFEP参数设计可以参考图6-5所示模型。PFEP设计的输入包括生产物料信息、物料图形（尺寸和形状）、工艺物料清单（BOM）、生产节拍等。在生产物流参数的支持，以及物料计划模式、标准容器或载具、参数设计方法和配送上线模式等约束条件下，获得支持有效物料供应的输出参数，包括物料容器、存储参数和运输/配送参数。结合企业物料流动需求，进一步细化这些参数，梳理它们在工厂物流管理系统中的相互关系，并将最终设计结果映射到PFEP表格中，从而完成PFEP表格的设计。

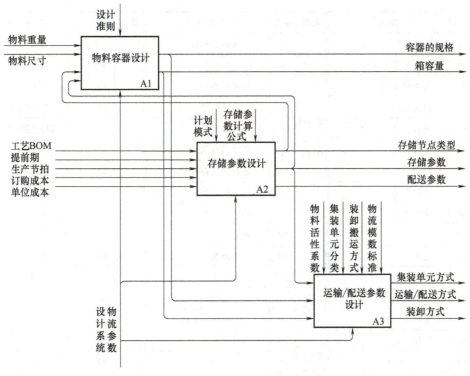

图6-5 工厂物料供应系统参数设计模型

在实际应用中,需要根据企业的配送情况,建立相应的PFEP表,收集所需的物料信息,并依据PFEP表对物料的仓储、搬运和配送进行全方位管控,确保物料在生产物流中的有序、可视和准确配送。表6-2展示了某汽车制造企业的PFEP属性表。

表6-2 某汽车制造企业PFEP属性表

| 属性 | 序号 | 字段内容 | 属性 | 序号 | 字段内容 | 属性 | 序号 | 字段内容 |
|---|---|---|---|---|---|---|---|---|
| 零部件主属性 | 1 | 零部件图号 | 供应物流PFEP | 14 | 供应商全称 | 供应物流PFEP | 27 | 是否有VMI(Vender Managed Inventory,供应商管理库存)仓库 |
| | 2 | 零部件名称 | | 15 | 供应商地址 | | | |
| | 3 | 零部件主材质 | | 16 | 供应商类型 | | | |
| | 4 | 零部件长/mm | | 17 | 供货距离/km | | 28 | VIM仓库名称 |
| | 5 | 零部件宽/mm | | 18 | 供应商属性 | | 29 | VMI仓库地址 |
| | 6 | 零部件高/mm | | 19 | 供应商联系人 | | 30 | VMI联系人 |
| | 7 | 重量/kg | | 20 | 供应商电话 | | 31 | VMI电话 |
| | 8 | 零部件单车用量 | | 21 | 业务员姓名 | | 32 | VMI距离 |
| | 9 | 零部件通用系数 | | 22 | 交货时间 | | 33 | 采购订单模式 |
| 供应物流PFEP | 10 | 更改单号 | | 23 | 卸货时间 | | 34 | 最大库存天数 |
| | 11 | 替代产品图号 | | 24 | 实际运输时间 | | 35 | 日均用量 |
| | 12 | 物料状态 | | 25 | 供货模式 | | 36 | 包装编码 |
| | 13 | 供应商代码 | | 26 | 供货库房 | | 37 | 到货包装类型 |

(续)

| 属性 | 序号 | 字段内容 | 属性 | 序号 | 字段内容 | 属性 | 序号 | 字段内容 |
|---|---|---|---|---|---|---|---|---|
| 供应物流PFEP | 38 | 到货包装长/mm | 零部件仓储PFEP | 60 | 是否整包操作 | 零部件配送PFEP | 82 | 运输时间/min |
| | 39 | 到货包装宽/mm | | 61 | 拣配员编号 | | 83 | 卸货时间/min |
| | 40 | 到货包装高/mm | | 62 | 拣配员姓名 | | 84 | 前置时间 |
| | 41 | 包装容量 | | 63 | 转运员编号 | | 85 | 最大需求累积时间/min |
| | 42 | 是否折叠 | | 64 | 转运员姓名 | | 86 | 终端任务类型 |
| | 43 | 是否带轮 | | 65 | 是否预占用 | | 87 | 送货区域 |
| | 44 | 是否有内衬 | | 66 | 是否预检查报警 | | 88 | 配送路径 |
| | 45 | 内衬类型 | | 67 | 是否产生紧急拉动 | | 89 | 路径名称 |
| 零部件仓储PFEP | 46 | 免检状态 | | 68 | Min | | 90 | 路径类型 |
| | 47 | 工艺路线 | | 69 | Max | 线边布局PFEP | 91 | 工厂 |
| | 48 | 仓库 | | 70 | 拉动类型 | | 92 | 流水线 |
| | 49 | 仓储地点 | | 71 | 圆整方式 | | 93 | 流水线名称 |
| | 50 | 保管员编号 | | 72 | 零件类代码 | | 94 | 流水线缩写代码 |
| | 51 | 保管员姓名 | | 73 | 是否原包装上线 | | 95 | 工段编号 |
| | 52 | 结算方式 | 零部件配送PFEP | 74 | 器具来源 | | 96 | 工段名称 |
| | 53 | 交货（Dock） | | 75 | 包装编码 | | 97 | 工位编号 |
| | 54 | 是否固定库位 | | 76 | 配送包装类型 | | 98 | 1/50 布局图 |
| | 55 | 库位编码 | | 77 | 配送包装长度 | | 99 | 车间仓库 |
| | 56 | 是否组托 | | 78 | 配送包装宽度 | | 100 | 车间仓储地点 |
| | 57 | 托型号 | | 79 | 配送包装高度 | | 101 | 线边库位 |
| | 58 | 是否翻包 | | 80 | 配送包装容量 | | 102 | Min |
| | 59 | 翻包路径 | | 81 | 拣配时间/min | | 103 | Max |

## 6.3.2 PFEP 的应用逻辑

**1. 单一物料流通环节资源配置规划**

针对每种物料的基础信息，计算其在流转各环节中的资源配置，包括供方物流、入厂物流、生产物流和成品物流。以表 6-2 所设计的 PFEP 表格为例，假设其中有某种物料 A，可以通过该物料的基础信息，如重量、尺寸、单车用量等，定义物料的外包装数据（包括包装类型、堆放层数、包装尺寸、空包装和满包装的高度等）、采购与库存数据（包括最小起订量、经济运输批量、库存标准等）及送货频次（基于需求量和生产节拍确定）。

进一步联动计算入场物流数据，包含送货车型、装卸货时间和方式、暂存区域面积、入库方式、设备能力、入库距离、入库时间等。

然后再进一步计算生产物流数据，包含配送的工位位置、工位节拍、每小时用量、配送方式、配送技术、配送距离、接驳时间、配送时间、工位所需缓存数等。

这里虽然以物料流通顺序的方式呈现,但在规划时其实是从工位出发,逐步倒推到供应商端的,对每种物料在每个节点进行详细分析,并定义各环节的存储和配送标准,从而转换为规划的时间和空间要素。

**2. 作业场景资源配置规划**

基于上一步针对单一物料各环节的资源配置规划结果,按照产品产能规划将每种物料对应到各个作业场景,通过成品下线倒推到供应商来料,将每个场景所需的所有物料的流量、面积、存量等资源进行汇总,计算出该区域的设备配置、空间配置和技术选型等要求。这种系统化的规划方法可以确保物料供应的高效和准确,同时优化内部物流系统,提高整体生产效率。

## 6.4 工厂常用的物料搬运工具

在工厂物流中,常用的物料搬运工具包括无动力推车、叉车、输送机等,如图 6-6 所示。

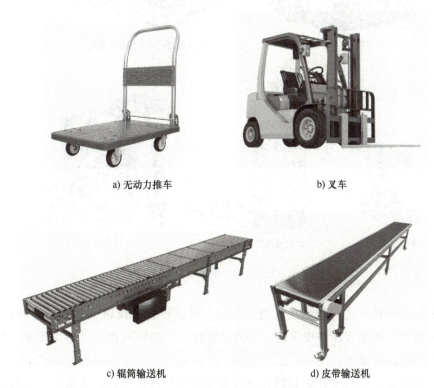

a) 无动力推车     b) 叉车

c) 辊筒输送机     d) 皮带输送机

图 6-6 工厂常用的物料搬运工具

无动力推车是最基本的搬运工具。这种工具简单、灵活,但员工劳动强度大且效率低下,适用于小规模生产或物料量较少的场景。

叉车是指对成件托盘货物进行装卸、堆垛和短距离运输作业的各种轮式工业搬运车辆。它常被用于仓储大型物件的运输，通常使用燃油机或者电池驱动。这种工具被广泛应用于工厂车间、仓库、流通中心和配送中心等，以及在集装箱内进行托盘货物的装卸、搬运作业，是托盘运输、集装箱运输中必不可少的设备。

输送机搬运是利用皮带输送机、辊筒输送机、链条输送机等各种输送机械，将物料从一个地点输送到另一个地点。这种方式适用于需要长距离输送或流水线作业的生产场景，能够实现连续、高效的物料运输，既适用于托盘的搬运，也适用于料箱的搬运。

但随着物流装备的发展，各种低成本、柔性化 AGV 自动导航技术的成熟，近年来基于自动导航的物料搬运工具大量涌现，如各类 AGV/AMR，以及各类无人叉车，如图 6-7 所示。基于 AGV/AMR、无人叉车的搬运方式越来越普及，并成为主流的智能物流配送系统建设方案。鉴于这类工具在导航、感知等关键技术上的相似性，下面不再区分，将其统称为 AGV。

a) AGV/AMR　　b) 前移式托盘搬运机器人
c) 料箱机器人　　d) 托盘搬运无人叉车　　e) 平衡重无人叉车

图 6-7　基于自动导航的物料搬运工具

AGV 是一种能够自主行驶的无人驾驶车辆，可以根据预设路线和任务自动运输物料。AGV 具有灵活性、可编程性和安全性，适用于智能工厂的物料搬运。相比传统的物料搬运工具，AGV 具有以下优势：

（1）自动化操作。AGV 能够根据预设的路线和任务自主运行，无须人工干预，实现物料的自动化搬运，提高了生产线的自动化水平。

（2）灵活性和可编程性。AGV 可以根据实际需求进行灵活调度和路径规划，适应不同的生产场景，具有较高的适应性和灵活性。

（3）安全性和稳定性。AGV 通常配备了多种传感器和安全装置，能够实时感知周围环境并避免碰撞，保障了工厂内人员和设备的安全。

（4）提升生产效率。AGV 的自动化操作和高效率能够大大提升物料搬运的效率，缩短生产线的等待时间，从而提高整体的生产效率。

因此，AGV 作为智能工厂中物料搬运的重要组成部分，将在未来的工业生产中发挥越来越重要的作用。

## 6.5 AGV 系统

### 6.5.1 AGV 的分类

AGV 应用范围广泛，种类多式多样，按不同的标准可以有不同的分类方法，如导航方式、驱动方式以及装载方式等。

**1. 导航方式**

导航是指 AGV 在运行区域中通过确定自身位置和航向实现自动行驶的方法。AGV 的导航方式有多种，常用的导航方式有磁导航、惯性导航、光学导航、无线电导航、激光导航、视觉导航、复合导航、SLAM 导航等。

（1）磁导航。磁导航可以细分为多种形式，如图 6-8 所示。

a) 电磁导航

b) 磁带/磁条导航

c) 磁钉导航

图 6-8　磁导航

1) 电磁导航。电磁导航是较为传统的导航方式之一，目前仍被许多系统采用。电磁导航是指在 AGV 的行驶路径上埋设金属线，并通过在金属线上加载导航信号，利用车载电磁传感器对导航信号进行识别，从而实现导航的方法，如图 6-8a 所示。其主要优点在于引线隐蔽、不易受污染和破损，导航原理简单可靠，便于控制和通信，且对声光不敏感，制造成本较低；其缺点在于路径难以更改和扩展，对复杂路径的局限性较大。

2) 磁带/磁条导航。如图 6-8b 所示，磁带导航与电磁导航相近，用在路面上贴磁带替代在地面下埋设金属线，通过磁感应信号实现导航。磁带导航的灵活性比较好，比较容易改变或扩充路径，磁带铺设也相对简单；但此导航方式易受环路周围金属物质的干扰，由于磁带外露，易被污染且难以避免机械损伤，因此导航的可靠性受外界因素影响较大。它适合环境条件较好、地面无金属物质干扰的场合。

3) 磁钉导航。磁钉导航是指在 AGV 的行驶路径上设置磁钉，通过车载磁传感器对磁场信号进行识别而实现导航的方法，如图 6-8c 所示。

(2) 惯性导航。惯性导航使用陀螺仪、加速度计等惯性测量设备，根据 AGV 的加速度和转向变化来计算位置。这种导航方式对环境依赖较小，但误差会随时间积累。为此，可以在 AGV 行驶区域的地面上安装定位块，AGV 可通过对陀螺仪偏差信号与行走距离编码器的综合计算，以及地面定位块信号的比较校正来正确定自身的位置和方向，从而实现导航。此项技术在航天和军事上运用较早，其主要优点是技术先进、定位准确性高、灵活性强，便于组合和兼容，适用领域广。

(3) 光学导航。光学导航是指在 AGV 的行驶路径上设置光学标识，通过车载光学传感器对这些标识进行识别以实现导航的方法。目前普遍使用的二维码导航就是光学导航的一种形式，如图 6-9 所示。二维码导航在地面上布置二维码标记，这些二维码包含位置或路径信息。AGV 配备摄像头或其他视觉传感器，实时扫描并识别二维码。通过解码二维码中的信息，AGV 可以确定自己的当前位置，或获取下一步的行驶指令。二维码导航具有高精度、低成本和灵活部署的优点；但是，光学标识对色带的污染和机械磨损非常敏感，因此对环境的要求较高。在实际应用中，二维码导航常与其他导航方式结合使用，以提高系统的整体性能和适应性，目前在制造工厂的车间、仓储和物流领域都得到了广泛应用。

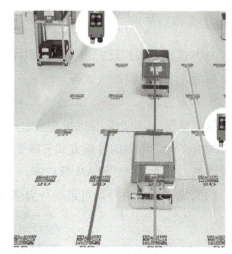

图 6-9 二维码导航

(4) 无线电导航。这通常是指利用无线电波进行导航和定位的技术。这类导航方式可以细分为几种，包括超宽带（UWB）导航、RFID 导航和 Wi-Fi 定位等。以 UWB 导航为例，在环境中布置多个 UWB 基站，AGV 上安装 UWB 标签，通过标签与多个基站的通信实现三角测量，从而确定 AGV 的位置，定位精度可达到厘米级。而 RFID 导航和 Wi-Fi 定位的定位精度有限，通常在米级，目前在工厂车间环境下使用较少。

(5) 激光导航。激光导航是指在 AGV 的运行区域周围设置反射标识，通过车载激光传感器对这些反射标识进行识别以实现导航的方法，如图 6-10 所示。这项技术的最大优点在于 AGV 的定位精确，且地面无须其他定位设施；行驶路径可灵活多变，能够适应多种现场环境，例如在仓库中可以灵活地重新规划路径，适应货物堆放位置的变化。其缺点是初始安装和维护成本较高，需要在环境中布置反射板。

激光导航还有一种无须布置反光板的方式，一般称为激光自然导航，即激光 SLAM 导航。

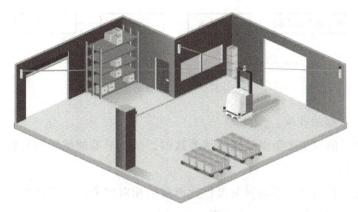

图 6-10 激光导航

（6）视觉导航。视觉导航是指通过 AGV 车载视觉传感器获取运行区域周围的图像信息来实现导航的方法，如图 6-11 所示。视觉导航的优势在于灵活性强，适用于动态变化的环境；但是，它对环境光线和特征识别的要求较高，需要复杂的图像处理算法和较高的计算能力，成本相对较高。该技术目前的缺点在于技术成熟度不够，但发展较快。

图 6-11 视觉导航

（7）复合导航。复合导航是将多种导航方式结合使用来实现 AGV 运行的方法。例如，将激光导航与惯性导航结合使用，当激光反射板信号丢失时，惯性导航可以提供短时间内的导航支持。结合使用多种方式的目的是使 AGV 能够适应各种复杂、多变的使用场景，在不同条件下灵活切换导航方式，以确保 AGV 的稳定运行，提高导航的精度和可靠性。

（8）SLAM 导航。SLAM（Simultaneous Localization and Mapping）即同时定位与地图构建，是一种通过传感器数据实时估计机器人自身位置和构建环境地图的技术。SLAM 导航是 AGV 自主导航、路径规划和环境感知的关键技术之一。

1）SLAM 导航的框架。SLAM 导航的框架如图 6-12 所示。

① 传感器数据采集。从各种传感器（如相机、激光雷达、IMU 等）中读取数据，对于视觉 SLAM，这通常涉及图像的读取和预处理，如去噪、矫正和特征提取；而对于激光

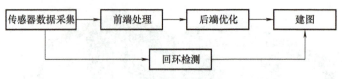

图 6-12 SLAM 导航的框架

SLAM，则是点云数据的获取。

② 前端处理。前端主要负责处理传感器数据，执行早期的感知和数据关联任务，为后端提供初步的估计信息。

③ 后端优化。后端接受不同时刻里程计测量的相对位姿以及回环检测的信息，并对它们进行优化，得到全局一致的轨迹和地图。

④ 回环检测。当 AGV 回到之前访问过的区域时，通过识别先前见过的环境特征（回环检测），来检测并修正累积的定位误差。

⑤ 建图。根据估计的轨迹，建立与 AGV 驶过所对应的周围环境的地图。

2）SLAM 导航的类别。根据传感器的不同，SLAM 可以分为激光 SLAM、视觉 SLAM 和多传感器融合 SLAM，其优缺点如表 6-3 所示。

表 6-3 不同类别 SLAM 导航的优缺点

| SLAM 类别 | 优点 | 缺点 |
| --- | --- | --- |
| 激光 SLAM | 无累计误差、建图精度高、受光照影响小 | 特征采集精度低、受探测范围限制、成本较高 |
| 视觉 SLAM | 特征采集精确度高、轻便小巧、成本较低 | 计算量大、受环境光影响大 |
| 多传感器融合 SLAM | 适应多种环境 | 算法复杂度高、计算量大 |

① 激光 SLAM。激光 SLAM 采用 2D 或 3D 激光雷达（也称单线或多线激光雷达）。激光雷达采集到的物体信息呈现出一系列分散的、具有准确角度和距离信息的点，称为点云。二维点云如图 6-13 所示。激光 SLAM 通过对不同时刻两片点云的匹配与比对，计算激光雷达相对运动的距离和姿态的改变，从而

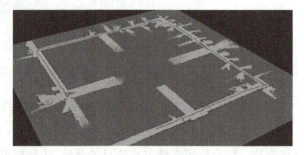

图 6-13 二维点云

完成对 AGV 自身的定位。激光 SLAM 具有建图精度高、稳定性好和受光照影响小的优点，在强光直射以外的环境中运行稳定，对点云的处理也比较容易。同时，点云信息本身包含直接的几何关系，使 AGV 的路径规划和导航变得直观。激光 SLAM 也具有受探测范围限制、成本较高等缺点。

② 视觉 SLAM。视觉 SLAM（Visual SLAM，VSLAM）是一种基于视觉传感器（主要是相机）的即时定位与地图构建技术。它允许设备（如机器人、无人机、智能手机或 AR 头戴

设备）通过分析连续图像序列来自行确定其在环境中的位置并构建该环境的地图，如图6-14所示。视觉SLAM的优点是它能利用丰富的纹理信息。例如，两块尺寸相同但内容不同的广告牌，基于点云的激光SLAM算法无法区别它们，而视觉SLAM则可以轻易分辨。这带来了重定位、场景分类

图6-14 视觉SLAM

上无可比拟的巨大优势。同时，视觉信息可以较为容易地被用来跟踪和预测场景中的动态目标，如行人、车辆等。这对于在复杂动态场景中的应用是至关重要的。此外，视觉SLAM还具有轻便小巧、成本较低等优点。它也具有计算量大、受环境光影响大等缺点。

③ 多传感器融合SLAM。多传感器融合SLAM是指在SLAM中整合来自不同类型传感器（如摄像头、激光雷达、惯性测量单元、GPS等）的数据，以提高定位和建图的精度、鲁棒性和适应性。这种方法结合了不同传感器的优势，弥补了单一传感器的不足，适用于复杂和动态变化的环境。

**2. 驱动方式**

（1）单轮驱动。单轮驱动AGV通常是三轮车型，主要依靠一个铰轴转向车轮在前部作为驱动轮，搭配后部两个从动轮，由前轮控制转向，如图6-15所示。其优点在于结构简单、成本低，由于是单轮驱动，无须考虑电动机配合问题，而且三轮结构的抓地性好，对地表面要求一般，适用于广泛的环境和场合。其缺点是灵活性较差，存在转弯半径，能够实现的动作相对简单。

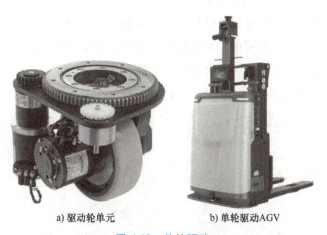

a）驱动轮单元　　　　b）单轮驱动AGV

图6-15 单轮驱动

（2）双轮驱动。双轮驱动AGV多用于三轮和四轮车型，有两个对称分布的主要驱动轮提供推进力，如图6-16所示。双轮驱动具有较好的操控性和稳定性，承载能力也相对较高；由于有两个主要的驱动点，双轮驱动在坡道上行走时更加稳定。其缺点是对地表面平整度要

a) 双轮驱动单元　　　　　　b) 双轮驱动AGV

图 6-16　双轮驱动

求苛刻，适用范围受到限制；同时，结构复杂、成本较高。

（3）多轮驱动。多轮驱动是指 AGV 拥有多个主要的驱动轴或多组并列分布的主要驱动装置。这种设计可以提高承载能力、操控性和稳定性。多轮驱动 AGV 通常配备复杂的转向系统，可实现更灵活的行驶方式，如图 6-17 所示。这些驱动方式通过不同的控制算法和传感器实现精准的导航和运动控制，满足各种应用需求。其缺点是结构复杂、成本较高。

图 6-17　多轮驱动 AGV

**3. 装载方式**

根据运输物料的方式，AGV 可以分为以下四类：

（1）牵引式。牵引式 AGV 不直接背负和举起货物，通常将货物装载在带轮子的物料车上，AGV 通过牵引机构牵引物料小车行走，如图 6-18 所示。牵引可以通过 AGV 尾部自动挂接和脱扣机构来实现，也可以通过牵引桩实现。这种类型的 AGV 具有较大的载重能力，适用于大型货物运输；操作相对简单，速度较快。然而，它受到牵引道路的限制，不适用于复杂地形和环境；同时，对牵引力的要求较高，可能存在滑动问题。

（2）叉取式。叉取式 AGV 使用货叉进行物料搬运。典型的叉取式 AGV 如图 6-16b 所

 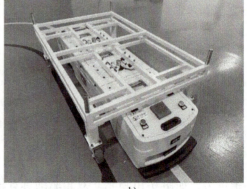

a)　　　　　　　　　　　　　　　b)

图 6-18　牵引式 AGV

示。这种 AGV 具有稳定的载货能力,适用于各类货物的搬运;操作简单,适用于仓储环境和装卸作业。然而,它受到载重和叉具长度的限制,无法处理超长或超大货物;同时,对地面平整度的要求较高。

(3) 举升式。举升式也称为顶升式。举升式 AGV 有升降装置,可以自动举升物料,能够在无人干预的情况下自动将货物从地面或低处升起至一定高度,并进行搬运和运输到指定位置,如图 6-19 所示。

(4) 背负式。背负式 AGV 允许人工或机械手直接将物料或物料箱放置其上,并在多个站点之间进行物料输送,如图 6-20 所示。这种类型的 AGV 适用于运输频繁、物料供应周期长的生产体系。背负式平台可以通过车身上的移载机构,如滚筒、皮带等,将货物实现货物直接从一处转移到另一处,特别适合与生产线的对接,从而提高效率。图 6-7c 所示的料箱机器人本质上也属于背负式 AGV。

图 6-19 举升式 AGV

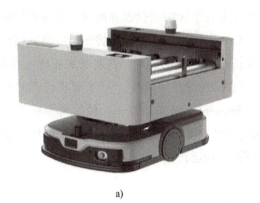
a)

b)

图 6-20 背负式 AGV

## 6.5.2 AGV 物料搬运系统的组成

基于 AGV 的物料搬运系统由 AGV 本体、AGV 车载控制系统、上位机系统以及与之对接的车间物流业务管理系统构成,如图 6-21 所示。

AGV 系统的搬运任务来自车间 MES 或 WMS 等业务系统。车间物流业务管理系统与 AGV 上位机系统(AGV 厂商通常称之为机器人控制系统(Robot Control System,RCS))对接,向后者发出搬运任务。

AGV 上位机系统接收到物料搬运任务后,任务管理模块根据任务的优先级、物料的类型、目标位置等因素,进行搬运任务的规划和调度,并负责对任务的各种操作,如启动、停止、取消等。车辆管理模块根据物料搬运任务的请求,分配调度各 AGV 执行任务。一旦任务被分配给各 AGV，任务指令将会被发送给 AGV，包括目标位置、物料种类、搬运量等信息。交通管理模块根据 AGV 的物理尺寸、运行状态和路径状况，提供 AGV 互相自动避让的措施，同时避免车辆互相等待的死锁方法和出现死锁的解除方法。AGV 的交通管理主要有行走段分配和死锁报告功能。通信管理模块负责 AGV 上位机系统与各 AGV 单机的通信功能，与 AGV 间的通信通常使用无线电通信方式，需要建立无线网络，AGV 只与上位机系统进行双向通信，AGV 之间不进行通信，上位机系统采用轮询方式与多台 AGV 通信。

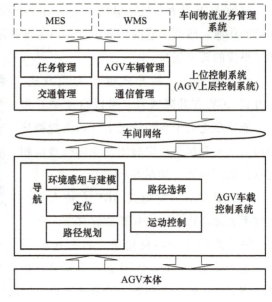

图 6-21　AGV 物料搬运系统的组成

AGV 车载控制系统在收到上位控制系统的指令后，负责 AGV 单机的导航、路径选择、车辆运动控制等功能。导航模块通过 AGV 单机自身装备的导航传感器感知并计算出所在全局坐标中的位置和航向，并导引模块根据当前的位置、航向及预先设定的理论轨迹来计算下个周期的速度值和转向角度值。路径选择模块根据上位系统的指令，通过计算，预先选择即将运行的路径，并将结果报送上位控制系统。能否运行由上位控制系统根据其他 AGV 所在的位置统一调配。AGV 单机行走的路径是根据实际工作条件设计的，它由若干"段"（Segment）组成，每一"段"都指明了该段的起始点、终止点，以及 AGV 在该段的行驶速度和转向等信息。车辆运动控制模块根据导航的计算结果和路径选择信息，通过伺服器件控制车辆运行。

### 6.5.3　典型场景的 AGV 应用

在离散型制造工厂中，物料搬运是生产流程中至关重要的环节之一。为了提高效率、降低成本并优化生产流程，离散型制造工厂越来越多地采用 AGV 来进行物料的搬运和运输。下面介绍 AGV 在离散型制造工厂典型场景中的应用。

（1）零部件运输。在离散型制造工厂中，AGV 通常用于运输各种零部件，如机械零件、电子元件、工具等。它可以在生产线的不同工作站之间自动运输零部件，以支持装配、加工和测试等工序。

（2）成品运输。AGV 也可以用于运输成品或组装好的产品。在离散型制造工厂中，这可能涉及从生产线到仓库或装运区的成品运输，或者将成品从一条生产线转移到另一条生产线。

（3）物料搬运。除了零部件和成品之外，AGV 还可以用于运输其他类型的物料，如原材料、半成品和工装夹具等。它们可以在车间内各个区域之间自动搬运物料，确保生产线的顺畅运作。

（4）库内物流。在工厂的仓库或储存区域，AGV 可以用于货物的存储、检索和移动。它们可以在货架之间自动搬运货物，使仓库内部的物流操作更加高效和精确。

（5）生产线支持。AGV 还可以用于提供对生产线的支持服务，如运送辅助工具、耗材和废料收集等。这些服务可以使生产线的运作更加顺畅，并提高生产效率。

（6）设备补给。AGV 可以用于为生产设备提供所需的物料和工具。它可以自动将零部件或工具送到生产设备旁，以支持设备的连续运作和生产。

综上所述，AGV 作为一种自动化的物料搬运设备，在离散型制造工厂中有着广泛的应用。通过在零部件运输、成品运输、物料搬运、库内物流、生产线支持和设备补给等方面的应用，AGV 能够提高生产效率、降低人力成本、减少生产中的错误，并推动制造工厂向智能化和自动化方向迈进。

## 6.6 案例分析

某机电科技有限公司是一家电梯配件制造企业，在当前生产过程中，各车间关键区域的物料搬运依赖人工操作，不仅增加了生产成本，也降低了生产效率，同时还存在一定的安全隐患。为此，公司决定引入 AGV 等智能搬运机器人系统，实现物料搬运自动化、智能化。

项目的建设目标是通过建设智能物料搬运系统，实现公司一楼成品缓存区域和二楼组装车间等关键区域的物料搬运自动化和智能化，减少人工搬运的时间，降低劳动强度，提高物料搬运的效率和准确性，提升整体生产效率。

**1. 车间布局与信息系统基础**

系统实施对象是公司杭州工厂，包括一楼成品缓存区域和二楼组装车间。车间布局如图 6-22 和图 6-23 所示。

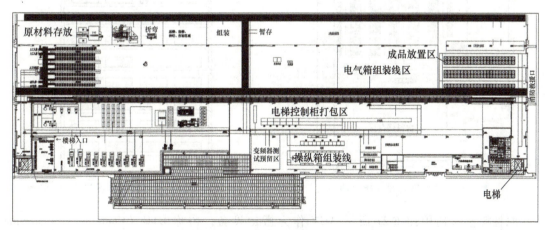

图 6-22　一楼成品缓存区域的总体布局

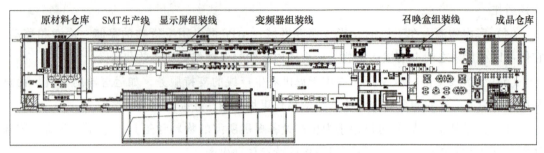

图 6-23 二楼组装车间的总体布局

一楼区域为右侧成品放置区。成品需从二楼成品仓库通过右侧电梯搬运到一楼成品放置区。二楼物料搬运涉及三个阶段：

1）原材料出库分拣：原材料存放在左侧电子料仓库，需要分拣以便配送至组装线。

2）产线原材料配送：从电子料仓库拣选站搬运到产线各个点位。

3）成品入库：将组装线产生的成品搬运到成品仓库，此处还涉及空托盘的供给。

因为涉及物料上下楼，需要与电梯对接，需要与公司仓库管理系统（WMS）对接。

**2. 设计方案**

（1）二楼原材料仓库的搬运方案。二楼原材料仓库布局如图 6-24 所示。因为是多层厂房，层高有限，仓库设计采用多层货架设计，如图 6-25 所示。原材料存放在料箱中，整个仓库为料箱库。其中料箱尺寸为 620mm×430mm×150mm，重量 50kg 以内，如图 6-26 所示。整个仓库货架设计为南北走向，北侧为货架存储区域，南侧设计一个拣选工作站，充电桩设计在左侧墙角处。

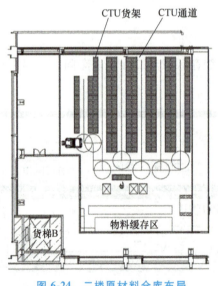

图 6-24 二楼原材料仓库布局

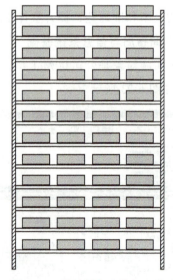

图 6-25 原材料仓库货架设计

原材料仓库选用图 6-27 所示 AGV 作为搬运设备，俗称 CTU（Container Transferring Unit）。系统采用惯性导航和视觉二维码混合导航，实现停止精确±10mm，朝向精度±1°，前后对角激光避障，完全满足仓库搬运要求，能够在窄巷道双向作业，具有高度提升功能、料箱取放功能，可实现料箱搬运自动化、无人化。现场布设 5G 无线通信网络，CTU 可通过车载 5G 通信模块实现无线网络通信。

图 6-26 原材料仓库料箱

图 6-27 原材料仓库 AGV 选型（CTU）

机器人调度控制系统（RCS）可实现 AGV 的地图模型建立、多路径最优规划、多任务负载均衡以及多 AGV 交通动态调度管理等功能，包括以下方面：

1）AGV 配置服务：主要完成系统配置、任务配置、控制调度、任务管理、报警管理、日志管理、线边仓管理等功能，同时提供对外接口。

2）AGV 控制服务：与 AGV 进行通信，实现 AGV 任务分配、路径规划、充电管理等功能。

3）报警管理服务：查询和统计报警日志、设备运行数据、设备标定数据。

4）监控客户端：完成对所有设备的运行监控、控制干预、报警监控、任务监控，以及异常时进行人工干预控制。

电子料仓库出入库流程如图 6-28 和图 6-29 所示。

（2）二楼组装线工序间的物料搬运方案。二楼组装线布局设计如图 6-23 所示。SMT 生产线、显示屏组装线、变频器组装线和召唤盒组装线均设置上下料点位，原材料需要从原材料仓库搬运到产线，并在组装线各工序间进行搬运。

选用如图 6-30 所示潜伏顶升式 AGV 作为搬运设备。该 AGV 采用惯性导航和 SLAM 导航混合导航，实现停止精确±10mm，朝向精度±1°，前置激光避障，满足车间搬运要求。现场布设 5G 无线通信网络，AGV 可通过车载 5G 通信模块实现无线网络通信。

由于工厂 MES 尚未实施，车间物料搬运需要靠人工手动发起，设计搬运流程如图 6-31 所示。

（3）成品入库的物料搬运方案。成品入库包括两部分：第一部分是由二楼组装线搬运至二楼成品仓库；第二部分是由二楼成品仓库经过电梯搬运至一楼成品仓库。

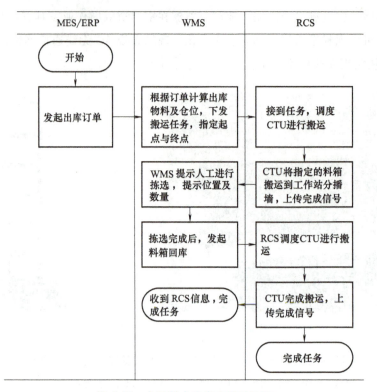

图 6-28　电子料仓库出库搬运流程

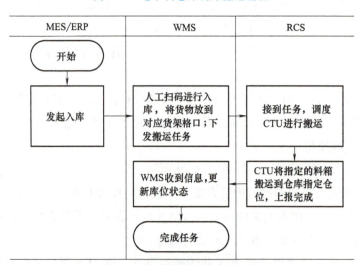

图 6-29　电子料仓库入库搬运流程

图 6-30　潜伏顶升式 AGV

选用如图 6-32 所示叉车式 AGV 作为搬运设备。AGV 额定负载 1.5t，采用 SLAM 导航，实现停止精确±10mm，朝向精度±1°，激光防撞，并与电梯自动对接，满足车间和仓库搬运要求。现场布设 5G 无线通信网络，AGV 可通过车载 5G 通信模块实现无线网络通信。其搬运流程与车间工序间的搬运流程完全一致。

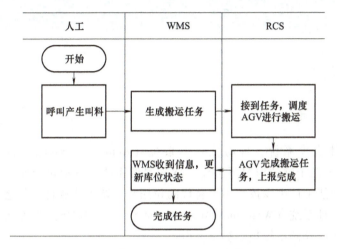

图 6-31　组装线物料及成品入库的搬运流程　　　　图 6-32　叉车式 AGV

**3. 方案特点**

通过实施该项目，公司成功部署了一套智能 AGV 及相关配套设备，实现了从一楼成品缓存区域到二楼组装车间的自动化搬运。本项目包括原材料仓库内部物料搬运分拣、车间生产线物料配送及工序间物料搬运、成品入库，覆盖了生产制造物料搬运的全部场景。各场景有各自的特点，根据搬运场景的特点，选择采用 CTU、潜伏顶升式 AGV 和叉车式 AGV 三种不同类型的 AGV 设备，采用不同的导航方式，满足了不同搬运对象和不同搬运场景的需求；还通过机器人调度控制系统（RCS）实现了多 AGV 的高效调度和管理；与 WMS 的数据交互、与自动门/电梯等硬件设备的无缝对接，进一步提升了物料搬运的自动化水平和效率；此外，5G 功能的定制应用也确保了数据传输的高效性和实时性。整个项目的实施显著提高了公司物料搬运的效率和准确性。

### 复 习 思 考 题

1. 工厂物料搬运的主要场景有哪些？请举例说明。
2. 从智能工厂建设的角度，智能物料搬运系统应具备哪些技术特征？
3. 如何理解物料搬运方程？
4. PFEP 是什么？应该如何设计？
5. AGV 的导航方式有哪些？
6. AGV 与其他常见的叉车、输送机、小推车等相比，在物料搬运方面有哪些优势和不足？

# 第 7 章

# 智能仓储系统

智能仓储系统又称自动化立体仓库系统、自动化仓库系统（Automated Storage and Retrieval System，AS/RS）是在没有人工干预的情况下自动存取物料的系统。自动化仓库作为智能物流中的重要组成部分，在智能工厂中发挥了不可替代的作用。本章主要从自动化仓库的形式与特点、总体设计、仓库管理系统（Warehouse Management System，WMS）三方面展开介绍自动化仓库系统，为工厂智能仓储系统规划提供参考。

## 7.1 智能仓储系统的总体技术要求

智能物流是智能工厂的重要组成部分，其关键要素主要包括智能制造环境下厂内物流的智能仓储和智能配送。智能物流应在 WMS 的基础上，结合智能生产与智能管理系统，优化仓储布局和策略。

其中，智能工厂中的智能仓储应满足以下技术要求：

1) 利用射频识别（RFID）、二维码、标签等技术实现对原材料、半成品、成品的数字化标识，并在 WMS 中存储物料基础信息，如物料的编码、名称、规格型号、存储位置、存储安全信息等。

2) 能与生产调度实时交互物料信息，及时响应智能生产的物料需求，并反馈物料配送信息。

3) 以物料为核心，采集物料的全生命周期信息，实现全过程信息可追溯。

4) 通过与智能管理与智能生产等业务的集成，分析与优化现有库存，实现库存低位、高位预警。

可见，自动化仓库和 WMS 是智能工厂物流系统中智能仓储部分的基础，但又不仅限于建设自动化仓库和 WMS。智能工厂的仓储系统设计要考虑为生产提供服务。

## 7.2 自动化仓库的形式与特点

自动化仓库又称自动存取仓库或自动化立体仓库，是一种高度机械化的仓储系统，它能够在无须直接人工干预的情况下自动存储和取出物料。这类系统通常包含多层货架结构，并利用电子计算机系统进行管理和控制，以及巷道式堆垛起重机等自动化设备来对存放在标准料箱或托盘中的物料进行存取操作。自动化仓库的优势在于能够显著提升存储和提取物料的效率，增强物流管理的实时性、协调性和整体性。通过自动化技术，仓库能够实现作业的精确控制和快速响应，甚至能直接与生产系统相连，无缝融入整体的生产与物流流程中。

自动化仓库最初以堆垛机仓库为主，JB/T 9018—2011《自动化立体仓库 设计规范》对其定义为以钢结构货架、堆垛机和搬运设备构成的存取单元货物并可自动化作业的仓库。近年来，得益于物流行业的飞速发展和科技的进步，物流装备发展极快，出现了很多新型的自动化仓库。目前常见的智能自动化仓库可按照仓库内的智能化的设备分为以下几种形式：堆垛机自动化仓库、穿梭车自动化仓库、基于 AGV 的自动化仓库。

### 7.2.1　堆垛机自动化仓库

堆垛机自动化仓库（见图 7-1）通过自动化堆垛机和高层货架相结合的方式进行存取，实现货物的快速、准确存取和自动管理。堆垛机自动化仓库系统使用的单元化集装器具既可以是托盘，也可以是料箱。

堆垛机仓库
运行动画

a) 托盘库　　　　　　　　　　　　　　b) 料箱库

图 7-1　堆垛机自动化仓库

**1. 堆垛机自动化仓库的工作原理**

堆垛机自动化仓库的工作原理可概述为通过堆垛机与仓库管理系统的协同工作，实现货物的自动化存取和管理。

仓库管理系统会根据货物的入库、出库、存储等需求，生成相应的指令，并发送给堆垛机。堆垛机接收到指令后，会按照预设的路径和程序进行运动。

堆垛机由行走电动机通过驱动轴带动车轮在下导轨上做水平行走，由提升电动机通过钢丝绳带动载货台做垂直升降运动，由载货台上的货叉做伸缩运动，通过上述三维运动可将指定货位的货物取出或将货物送入指定货位。在堆垛机运动的过程中，行走认址器用于测量堆垛机水平行走位置，提升认址器则用于控制载货台升降位置，从而确保堆垛机能够准确地到达目标货位；货叉方向使用接近开关定位，以确保货叉能够对准货物。

当堆垛机到达目标货位后，货叉会按照指令进行叉取或放置货物的操作。完成操作后，堆垛机按照返回路径返回原位或前往下一个目标货位，继续执行下一条指令。

整个过程中，堆垛机的运动和控制都通过电气控制系统实现。电气控制系统可以接收仓库管理系统的指令，并根据指令控制堆垛机的运动、速度和位置等参数。电气控制系统还可以监测堆垛机的运行状态和故障信息，并进行相应的处理；同时采用优化的调速方法，减少堆垛机减速及停机时的冲击，大大缩短堆垛机起动、停止的缓冲距离，提高了堆垛机的运行效率。

**2. 堆垛机的组成**

堆垛机自动化仓库的核心设备是堆垛机。典型的堆垛机主要由上横梁、下横梁、立柱、载货台、水平运行机构、起升机构、货叉机构、安全保护装置、电控柜和电气控制系统等几大部分组成。图 7-2 所示为双立柱堆垛机的结构。

（1）上横梁。上横梁位于立柱的顶部，与下横梁一起与立柱组成稳固的框架结构。上横梁上装有上导轮，用于防止堆垛机脱离上轨道。

（2）下横梁。下横梁作为堆垛机的整体支撑座，承受着堆垛机运转时产生的动负荷及静负荷。它采用重型钢材作为主体，通过焊接或螺栓锁固构成，以维持良好的刚性。

（3）立柱。立柱分为双立柱和单立柱，作为上下载货机构的支撑。立柱采用方钢管制作，两侧焊接有扁钢导轨，表面进行硬化处理以提高耐磨性。

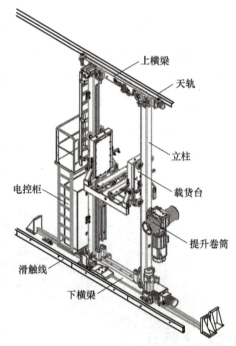

图 7-2 双立柱堆垛机的结构

（4）载货台。载货台位于双立柱中间，通过起升机构的动力牵引做上下垂直运动。

（5）水平运行机构。水平运行机构由动力驱动和主被动轮组组成，包括电动机减速器、水平轮组、清轨器、安全夹钩等部件，使堆垛机能够沿仓库的巷道水平移动，从而到达指定的货位。

（6）起升机构。起升机构由驱动电动机、卷筒、滑动组、钢丝绳等组成，用于驱动载货台上升及下降。

（7）货叉机构。货叉机构是堆垛机存取货物的执行机构，由动力驱动和上、中、下三叉组成，用于垂直于巷道方向的存取货物运动。

（8）安全保护装置。安全保护装置包括过载松绳保护装置、缓冲器、安全夹钩等，用于确保堆垛机在运行过程中的安全。

（9）电控柜。电控柜是电气元件的安装柜。

（10）电气控制系统。电气控制系统包括安装在电控柜内的 PLC、变频器、电源供应器、电磁开关等部件，负责控制堆垛机的各项动作和运行状态。

**3. 堆垛机自动化仓库的优势**

堆垛机自动化库的优势主要体现在以下几个方面：

（1）空间利用率高。相较传统的平面仓库，堆垛机自动化仓库采用高层货架和堆垛机相结合的方式，可以大幅度提高仓库的存储密度，存储容量可以增加数倍甚至数十倍。

（2）存取效率高。自动化存取方式可以大幅度提高仓库的存取效率，相较传统的平面仓库，存取速度更快，可以节省大量人力和时间成本。

（3）智能化管理。堆垛机自动化仓库采用智能化管理系统，可以实现货物信息的实时监控和管理，对货物的库存、货位、出库等进行全面管理，大大提高了仓库的管理效率和管理精度。

（4）安全性高。堆垛机自动化仓库通常采用封闭式设计，货架高度可达数十米，货架之间设置安全间隔，可以有效防止人员和货物被困；同时，配备各种安全设施，如自动报警、灭火系统等，确保仓库的安全可靠。

（5）应用场景广泛。堆垛机自动化仓库适用于制造业、物流行业、医药行业等多个领域。例如，在汽车制造行业中，堆垛机自动化仓库可以用于存储汽车零部件，实现高效、精准的供货和库存管理；在快递行业中，它可以用于存储各类包裹，实现快速、准确的分拣和配送。

由于这些优势，堆垛机自动化仓库在物流仓储、生产制造、电商、医药、烟草、图书、零售、化工等许多行业中都得到了广泛应用。总的来说，只要是需要大量存储和高效管理的行业都可以应用。

## 7.2.2 穿梭车自动化仓库

穿梭车自动化仓库（见图 7-3）也称穿梭车密集存储系统（Shuttle Based Storage and Retrieval System，SBS/RS），是一种近年来新出现的立体仓库形式，目前已经成为市面上主流的自动化仓库方案之一。穿梭车自动化仓库系统使用的单元化集装器具同样既可以是托盘，也可以是料箱。

**1. 穿梭车自动化仓库的组成和原理**

穿梭车立体仓库系统主要由穿梭车、快速垂直提升机、高精度货架及 WMS/WCS（仓库控制系统）管理及控制软件组成。穿梭车是该系统的核心组件，配备有充电电池，能够沿着货架巷道内的轨道自主运行，具有高度的灵活性，能够自由变换作业巷道。另外，借助提升机，穿梭车可以实现不同层之间的移动。

WMS 根据货物的入库、出库、存储等需求，生成相应的指令并发送给穿梭车。穿梭车

a) 托盘库

b) 料箱库

图 7-3 穿梭车自动化仓库

接收到指令后,通过其内置的升降装置和定位传感器,在货架巷道内沿轨道精确运行,将货物从入口运输到指定货位,或从货位取出货物。

**2. 穿梭车的类型**

常见的穿梭车包括二向穿梭车、子母穿梭车和四向穿梭车。

(1) 二向穿梭车。二向穿梭车(见图 7-4)也称两向穿梭车,其运行方向仅限于前后两个方向。它配合叉车、AGV 叉车、堆垛机或穿梭母车进行运行操作,并通过遥控器进行控制,能够自由实现先进先出和先进后出的工作模式。

(2) 子母穿梭车。子母穿梭车(见图 7-5)通常包括一个大型的母穿梭车和一个或多个小型的子穿梭车。母穿梭车负责在货架巷道之间移动,而子穿梭车则在母穿梭车的协助下,深入货架内部进行货物的存取。这种系统结合了母穿梭车的大范围移动能力和子穿梭车的精细操作能力,实现了高效、灵活的仓储管理。

子母穿梭车仓库运行动画

图 7-4 二向穿梭车

图 7-5 子母穿梭车

(3) 四向穿梭车。四向穿梭车(见图 7-6)是近年来推出的一种改进版穿梭车,其最大的特点是能够在前后左右四个方向自由行驶。这种灵活性使得四向穿梭车在货物的存放和拣选效率上大大优于二向穿梭车,从而提高了仓库的整体运行效率并降低了成本。

第 7 章 智能仓储系统

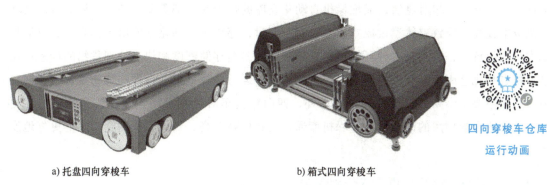

a) 托盘四向穿梭车　　　　　b) 箱式四向穿梭车

图 7-6　四向穿梭车

子母穿梭车和四向穿梭车的共同点在于：两者都在同一平面内，即同一层次上，进行前后左右四个方向的移动；这两种穿梭车均在原有的二向穿梭车基础上进行了改进，即从二向穿梭车发展为四向穿梭车，从而实现自动化作业；两者都无法实现转层，即无法通过自身在不同高度的层面之间进行转换。

子母穿梭车和四向穿梭车的区别在于：子母穿梭车由一个子车和一个母车两部分组成，当子穿梭车需要独立操作时，需与母车分离；而四向穿梭车是一体化设计，具有两组横向轮子，能够实现四个方向的运行。由于子母穿梭车的结构需要频繁进行分离，运输灵活性较差，因此其效率远低于四向穿梭车。子母穿梭车的体积也远大于四向穿梭车。

**3. 穿梭车自动化仓库的优势**

在实际应用中，三种类型的穿梭车要根据仓库的具体需求进行选择和配置。例如，对于需要大量存储空间且对存取效率有较高要求的场景，四向穿梭车因其高密集度存储和快速存取的能力而成为理想选择；而在一些对成本有严格控制的中小型仓库中，二向穿梭车或子母穿梭车可能更适用。

穿梭车自动化仓库的优势主要体现在以下几个方面：

（1）空间利用率高。通过货架的垂直利用，穿梭车自动化仓库能够充分利用仓库空间，提高空间利用率。这使得仓库能够在有限的空间内存储更多的货物。

（2）灵活性与可扩展性。穿梭车系统可以在障碍物的下、上方及顶层空间的任何地方实施，优化现有的仓库空间。穿梭车自动化仓库可以根据实际需求进行灵活配置和扩展，无论是增加货架层数、扩大仓库面积还是调整货物存储策略，都可以轻松实现。

（3）高效存储与作业。穿梭车能够在货架的轨道上快速、准确地移动，实现货物的自动化存取。这大大提高了仓库的存储密度和作业效率，减少了人工搬运和查找货物的时间。

（4）精准定位与管理。穿梭车配备先进的定位系统和传感器，能够精确地将货物放置到指定位置，并进行实时库存管理。这有助于降低货损率，提高库存准确性，并为管理者提供准确的库存数据。

相较堆垛机自动化仓库，穿梭车自动化仓库的穿梭车数量可以根据整个仓库的效率要求来选择,使其成本相对灵活;而堆垛机自动化仓库的每个巷道都需要配备一台堆垛机,且堆垛机成本较高,导致整体建设成本相对较高。同时,穿梭车自动化仓库由于其高效、灵活且成本可控的特点,适用于多种环境,特别是那些需要高存储密度和快速处理货物的场景;而堆垛机自动化仓库由于其较高的建设成本和固定的运行路径,更适合那些货物重量大、高度高、周转率要求不高的自动化仓库。另外,四向穿梭车对建筑层高、仓库长宽的适应性更好,尤其适合老厂房的改造;而堆垛机库通常要在层高较高、长度较长的仓库才能更好地发挥其优势。

### 7.2.3 基于 AGV 的自动化仓库

**1. 基于 AGV 的自动化仓库的概念与分类**

基于 AGV 的自动化仓库系统是近年来新出现的一种自动化仓库形式,到目前为止尚未有统一的名称。这一类自动化仓库将自动引导车(AGV)/自主移动机器人(Autonomous Mobile Robot,AMR)技术与传统多层货架仓库相结合,实现了货物的自动化存取、搬运和管理。根据所使用的货物搬运工具的不同,它大致可以细分为三类:①基于潜伏顶升 AGV 的自动化仓库,如图 7-7 所示。在搬运时,AGV 顶升并将整个货架移动,因此,仓库的货架是不固定的、可移动的。货架上的存取单元可以是料箱,也可以是托盘。②基于叉车式 AGV 的自动化仓库,如图 7-8 所示。这一类仓库依赖各种新型无人叉车实现存取、搬运的自动化,货架采用传统的多层货架。限于无人叉车举升高度,货架一般不会很高,一般不超过三层。③基于料箱机器人的自动化仓库,如图 7-9 所示。这一类仓库依赖新型料箱机器人实现存取、搬运自动化,货架也采用传统的多层货架。限于料箱机器人举升高度,货架一般不超过 10m。

AGV 仓库
运行动画

图 7-7 基于潜伏顶升 AGV 的自动化仓库

**2. 基于 AGV 的自动化仓库的组成与原理**

基于 AGV 的自动化仓库主要依赖新型自动化设备和信息技术的集成,以实现货物的自动化存储、搬运、分拣和出库等物流过程。其核心在于 AGV/AMR 系统的应用,以及与其他系统,如 WMS 和 MES 的联动。

图 7-8 基于叉车式 AGV 的自动化仓库

图 7-9 基于料箱机器人的自动化仓库

当货物到达仓库时，通过传感器等设备对货物进行识别和检测，确定货物的尺寸、重量和特性。然后，系统根据这些信息自动规划存储位置，并通过 AGV/AMR 将货物准确地放置到仓库的相应货位中。在货物出库时，系统会根据订单信息和货物属性，通过智能控制系统和路径规划算法，确定最佳的取货路径。AGV/AMR 按照指令，自动前往指定货位取出货物，并将其运输到出库区或指定的装卸站。

基于 AGV 的自动化仓库系统主要由货架系统、AGV/AMR、导航与路径规划系统及 WMS 组成。AGV/AMR 作为自动化仓库的核心设备，通过激光导航、传感器等技术，在仓库内部进行货物的运输和定位。

**3. 基于 AGV 的自动化仓库的优势**

基于 AGV 的自动化仓库的优势主要体现在以下几个方面：

（1）高效自动化作业。基于 AGV 的自动化仓库利用先进的 AGV 技术和智能控制系统，实现了货物的高效自动化存取、搬运和分拣。AGV 能够自主导航、识别货物并精准定位，大大提高了仓库作业效率。

（2）降低人工成本。AGV 可以替代人工完成大量烦琐、重复的搬运工作，从而显著减少人力需求，降低人工成本。

(3) 提高仓库的空间利用率。基于 AGV 的自动化仓库可以在有限的仓库空间内，通过立体仓库的方式，实现仓库空间的最大化利用。

(4) 智能化管理。AGV 可以与 WMS 无缝集成，实现数据的实时更新和共享，为管理者提供决策支持，实现智能化管理。

(5) AGV/AMR 可以直接用于生产线物料配送，实现从仓库到车间现场的紧密衔接。特别适合制造工厂。

## 7.3 自动化仓库系统的总体设计

工厂自动化仓库系统作为智能工厂的重要组成部分，其设计与规划必须充分考虑车间生产的具体需求，与物流中心的自动化仓库设计存在显著差异。

从服务于工厂生产制造过程的角度来看，工厂自动化仓库系统设计与普通物流中心自动化仓库系统设计相比存在以下显著差异：

1）自动化仓库的设计依据是原材料、在制品和成品的存储需求及出库需求。因此，需要基于生产需求进行仓库库容、出入库能力等基本参数的测算。

2）原材料出库与车间物料配送紧密相关，成品入库也与车间生产线密切相关。因此，自动化仓库的收发货区域设计需要考虑与生产线的衔接。

3）选择仓库的类型应充分考虑生产线的存储与进出能力需求。

4）外贸型企业成品发货前普遍存在验货需求，对自动化仓库的出入库负荷影响较大，不能忽视。

### 7.3.1 自动化仓库总体设计的内容

自动化立体仓库的总体设计主要包括以下内容：

(1) 能力需求测算。在对智能工厂的基础信息进行调研和收集的基础上，完成对库容、出入库能力等需求的测算，为后续设计提供依据。

(2) 存储单元规格设计。基于工厂物料及其生产特点，以仓库系统总体优化为目标，设计托盘尺寸、码垛高度等存储单元规格。

(3) 仓库类型选择。自动化立体仓库形式多样，一般采用单元货格形式。根据工厂生产过程对仓储系统的要求以及厂房建筑等环境要求，选择合适的仓库类型。

(4) 仓库尺寸与能力计算。完成仓库货格尺寸、仓库总体尺寸、出入库能力等主要参数的设计和计算，确保满足工厂需求。

(5) 仓库出入库区布局。选择合适的对接方式，实现仓库与外部系统的高效协同工作。

自动化仓库的总体设计流程如图 7-10 所示。

## 7.3.2 仓库能力需求测算

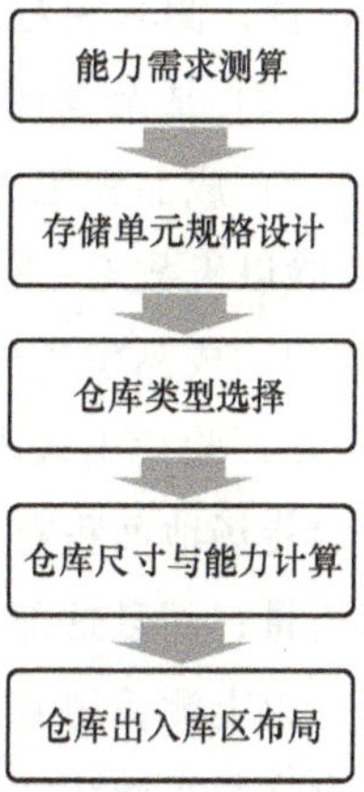

仓库要设置多少托盘位、出入库速度要多少托/h等，都是仓库设计的基础数据。在制造工厂中，这些数据取决于工厂生产的需要。在自动化仓库的总体设计过程中，基础数据测算是确保系统设计合理性和可行性的关键环节。自动化仓库系统的核心基础数据主要包括库容量、出入库能力、托盘尺寸及码垛高度等。由于制造工厂中原材料仓库和成品仓库的业务特点差异显著，其测算依据也往往存在较大差异。

**1. 库容量**

库容量是指仓库在去除必要的通道和间隙后所能容纳货物的最大数量。离散型制造工厂自动化仓库的库容量常用"货物单元"来表示。"货物单元"通常是托或者箱。

图 7-10 自动化仓库的总体设计流程

库容量可以采用如下通用公式进行测算：

$$m_Q = \frac{EK}{30} \times t$$

式中 $m_Q$——库容量；

$E$——通过仓库的月最大货物存取量；

$K$——设计最大入库百分比；

$t$——货物在仓库中的平均库存周期，单位为天。

对于成品仓库，$E$ 可以理解为月产量，通常以托为单位测算。考虑到各个品项的成品入库比例、库存周期可能存在差异，应针对各个品项分别计算后进行累加。

对于原材料仓库，$E$ 可以理解为月消耗量，通常以托为单位测算。同样，考虑到各个品项的原材料入库比例、库存周期可能存在差异，应针对各个品项分别计算后进行累加。

以上数据的测算，可以基于第 6.3 节的 PFEP 表进行计算。

如果是针对模具库等特殊自动化仓库的设计，其库容量应根据模具的套数和存放方式计算。

**2. 出入库能力需求分析**

仓库的出入库能力是指单位时间内入库和出库的存储单元数量，通常用"托/h"或"箱/h"来衡量。制造工厂的出入库能力需求分析较为复杂，并且与工厂的物流管理业务逻辑密切相关。总体应从以下几个方面考虑：

（1）原材料仓库。

1）供应商来料入库。原材料入库数量可以通过库容量 $m_Q$ 除以天数 $t$，再除以日工作时间，计算得到入库能力需求量。

2）车间产线配送/领料出库。对于整托或整箱出库的模式，这部分物流量与供应商来料入库基本相同。但对于需要经过物料分拣、剩余物料重新回库的模式，会产生额外的进出物流量，测算相对复杂，可基于工厂历史数据进行估算。

（2）成品仓库。

1）成品完工入库。这部分能力测算与供应商来料入库需求测算类似，即通过库容量 $m_Q$ 除以天数 $t$，再除以日工作时间，即可得到成品入库能力需求量。

2）成品发货出库。大多数企业出库与入库基本一致。

3）验货出入库。对于外销型企业，存在验货环节，且部分企业验货抽取比例较高；由于验货场地面积有限，验货后无法马上发货，导致验货后需回库，增加了额外的出库和入库物流量；而且这部分物流量较大，无法忽略。

以上测算得到的是自动化仓库的平均出入库能力，但无论是原材料仓库还是成品仓库，都存在与车间生产相关的出入库高峰时段，必须予以考虑。总之，制造工厂中的出入库能力测算较为复杂，但必须严谨评估，以确保设计方案能够满足生产需求。

### 7.3.3 存储单元规格设计

自动化仓库中，存储单元将品种繁多、大小不一的货物以集装单元的方式存储和输送。因此，存储单元的规格尺寸在整个自动化仓库规划设计中具有十分重要的作用，同时也影响仓库的建设投资。工厂在智能仓储系统建设时首先面临着存储单元规格设计的问题。存储单元规格设计包括托盘尺寸和码垛方式、码垛高度设计。

一方面，部分企业当前尚未统一厂内托盘规格，因此，在建设自动化仓库时需要确定合适的托盘尺寸；另一方面，虽然国内自动化仓库普遍采用 1200mm×1000mm 标准托盘为载体设计存储单元，但是在某些具体情况下，使用标准托盘存在着货物堆码率较低、建筑空间利用率较低的情况。若标准托盘并非最合适的托盘尺寸，在对自动化立体库进行规划时，就需要重新对存储单元的平面规格和高度规格进行设计，进而确定最适合该自动化立体库的存储单元规格。

**1. 托盘尺寸规格选型**

平面利用率是货物的码垛平面面积对存储单元平面面积的利用率。针对不同的托盘候选方案，可以计算每种货物针对该托盘的平面利用率，按照每种货物的库存量，对每种货物的平面利用率进行加权求和，可以得到该托盘方案的综合利用率，作为确定最终托盘尺寸的参考依据。平面综合利用率计算方法如下：

$$\text{平面综合利用率} = \sum_i^N \text{平面利用率} \times Q_i = \sum_i^N \frac{M_j L_i W_i}{S_j} \times Q_i$$

式中　$i$——第 $i$ 种货物，$i=1,\cdots,N$；

$j$——第 $j$ 个预设方案，$j=1,\cdots,M$；

$Q_i$——第 $i$ 种货物的库存量占比；

$M_j$——第 $j$ 种预设方案的平面堆码数量；

$L_i$——第 $i$ 种货物的包装长度；

$W_i$——第 $i$ 种货物的包装宽度；

$S_j$——第 $j$ 种预设方案的平面面积。

根据以上计算得到各候选托盘方案的平面综合利用率，兼顾行业标准托盘尺寸进行初步选型。

**2. 托盘堆叠高度设计**

体积利用率反映了在已选定托盘平面尺寸的情况下，在预定高度方案下，货物码垛后的体积对存储单元体积的利用率。针对不同的存储单元预选方案，得到每种货物的体积利用率，按照每种货物的数量，对每种货物的体积利用率进行加权求和，综合计算出到该存储单元预选方案的体积综合利用率，作为确定最终存储单元方案的参考依据。

体积综合利用率计算方法如下：

$$体积综合利用率 = \sum_{i=1}^{N} 体积利用率 \times Q_i = \sum_{i=1}^{N} \frac{K_j H_i}{P_j} \times Q_i$$

式中　$i$——第 $i$ 种货物，$i = 1, \cdots, N$；

$j$——第 $j$ 个预设方案，$j = 1, \cdots, M$；

$Q_i$——第 $i$ 种货物的库存量占比；

$K_j$——第 $j$ 种方案的货物堆码数量；

$H_i$——第 $i$ 件产品的包装体积；

$P_j$——第 $j$ 种预设堆码高度方案的单元体积。

根据以上计算得到各预选方案的体积综合利用率，以体积综合利用率为主，并考虑方案对货物品种和库存的覆盖程度，比较各托盘预选方案的货架立面设计情况，结合货架层数、总货位数、货架总高度、对空间的利用情况等从而确定最终的堆叠高度方案。

**3. 案例分析**

以某自动化仓库设计为例，该仓库部分货物信息如表 7-1 所示。

表 7-1　某仓库部分货物信息

| 货物编码 | 长/mm | 宽/mm | 高/mm | 质量/kg |
|---|---|---|---|---|
| 货物 A | 510 | 235 | 260 | 7 |
| 货物 B | 680 | 520 | 320 | 17 |
| 货物 C | 820 | 470 | 400 | 20 |
| 货物 D | 740 | 440 | 400 | 17 |
| 货物 E | 600 | 480 | 350 | 15 |
| 货物 F | 640 | 570 | 375 | 17 |
| 货物 G | 550 | 480 | 330 | 13 |
| 货物 H | 750 | 470 | 385 | 15 |
| 货物 I | 780 | 465 | 410 | 17 |
| 货物 J | 800 | 500 | 410 | 17 |
| … | … | … | … | … |

根据平面综合利用率计算公式计算出每种预选方案的平面综合利用率，如表 7-2 所示。

表 7-2  平面综合利用率

| 托盘尺寸范围<br>/（mm×mm） | 平面综合利用率 | 品种覆盖率 | 库存覆盖率 |
| --- | --- | --- | --- |
| 1000×1000 | 57.81% | 88.2% | 93.8% |
| 1100×1000 | 71.31% | 89.3% | 95.6% |
| 1200×1000 | 70.95% | 93.2% | 97.2% |
| 1300×1000 | 75.97% | 96.4% | 98.9% |
| 1400×1000 | 73.12% | 99.3% | 99.8% |
| 1100×1100 | 64.82% | 93.2% | 98.0% |
| 1200×1100 | 70.35% | 97.6% | 99.6% |
| 1300×1100 | 77.89% | 99.8% | 99.9% |
| 1400×1100 | 80.44% | 100% | 100% |
| 1200×1200 | 64.49% | 99.2% | 100% |
| 1300×1200 | 72.70% | 100% | 100% |
| 1400×1200 | 75.65% | 100% | 100% |
| 1300×1300 | 67.37% | 100% | 100% |
| 1400×1300 | 73.79% | 100% | 100% |
| 1400×1400 | 68.73% | 100% | 100% |

由表 7-2 可以看出，1400mm×1100mm 平面的平面综合利用率最高，且可以覆盖所有品种，相较 200mm×1000mm 标准托盘的平面综合利用率高了近 10%。因此，从平面利用率角度更推荐 1400mm×1100mm 平面尺寸。

进一步根据体积综合利用率计算公式，计算出每种存储单元堆码限高预选方案的体积综合利用率，结果如表 7-3 所示。

表 7-3  体积综合利用率

| 货物单元限高<br>/mm | 体积综合利用率 | 平均堆码数（件/盘） | 品种覆盖率 | 库存覆盖率 |
| --- | --- | --- | --- | --- |
| 1200 | 76.54% | 9.23 | 100% | 100% |
| 1250 | 79.60% | 9.77 | 100% | 100% |
| 1300 | 78.11% | 10.06 | 100% | 100% |
| 1350 | 76.37% | 11.9 | 100% | 100% |
| 1400 | 77.95% | 12.28 | 100% | 100% |
| 1450 | 80.52% | 13.52 | 100% | 100% |
| 1500 | 83.62% | 14.03 | 100% | 100% |
| 1550 | 86.98% | 14.41 | 100% | 100% |
| 1600 | 87.23% | 15.13 | 100% | 100% |
| 1650 | 85.91% | 15.89 | 100% | 100% |

(续)

| 货物单元限高/mm | 体积综合利用率 | 平均堆码数（件/盘） | 品种覆盖率 | 库存覆盖率 |
| --- | --- | --- | --- | --- |
| 1700 | 86.30% | 16.70 | 100% | 100% |
| 1750 | 85.28% | 17.40 | 100% | 100% |
| 1800 | 87.56% | 17.80 | 100% | 100% |
| 1850 | 86.80% | 18.49 | 100% | 100% |
| 1900 | 84.39% | 18.97 | 100% | 100% |
| 1950 | 85.84% | 19.46 | 100% | 100% |
| 2000 | 86.56% | 19.95 | 100% | 100% |

由表 7-3 可以看出，1800mm 高度的体积综合利用率最高。但该系统中需要人工拣选托盘上的货物，1800mm 高度较高，不利于人工操作。体积利用率次高为 1600mm 高度，其综合体积利用率虽然略低于 1800mm，但更适合人工操作，因此更推荐 1600mm 高度。

事实上，确定存储单元的规格还需要考虑更多的因素。比如，在计算平面综合利用率后，还需要根据建筑平面尺寸、实际条件、货架布局、托盘进叉方式等，结合行业规范，对不同存储单元预选方案进行货架模拟布置，计算货架布置情况。综合考虑可布置巷道数量、总货位数、总货架宽度、平面利用情况等，对方案进行优选，确定最终的平面尺寸。在计算得到体积综合利用率后，还需要进一步考虑防火、喷淋等各种因素进行权衡。但在总体设计阶段，基于以上设计方法可以得到一个初步设计结果，作为下一步设计的依据，并在后续设计过程中对存储单元规格进一步优化。

## 7.3.4 仓库类型选择

随着自动化仓库技术的迅猛发展，各种新型自动化仓库不断涌现，企业在进行智能工厂智能物流系统建设时面临着一个困惑：到底应该建哪种类型的自动化仓库？这本质上主要回答两个问题：到底是建设托盘库还是料箱库？如果是托盘库，是建设四向穿梭车自动化仓库、堆垛机自动化仓库或其他类型的自动化仓库？如果是料箱库，是建设堆垛机自动化仓库、穿梭车自动化仓库或基于各类 AGV 的自动化仓库？

选择不同类型的自动化仓库应基于企业的具体需求和实际情况，遵循以下依据和原则：

（1）生产与物流需求。根据生产线节拍、物料种类、库存周转率、进出库频率等因素，选择能满足高效存储和快速取用需求的仓库类型。

（2）空间与场地条件。考虑厂房的高度、面积和结构，选择适应空间限制和场地布局的仓库类型。如立体库适合高空间利用率的场地，AGV+货架适合灵活布局的场地。

（3）投资与运营成本。综合考虑建设和维护成本，选择经济高效的解决方案。如堆垛机自动化仓库初始投资较高，但适合长期大批量存储；四向穿梭车灵活性高，适合多 SKU（Stock Keep Unit，最小存货单位）、多批次出入库的情况。

（4）技术成熟度与扩展性。选择技术成熟、运行稳定且具备扩展能力的系统，确保仓库系统能适应未来业务增长和技术升级的需求。

表 7-4 列出了两种不同托盘库的对比。

表 7-4 堆垛机与四向穿梭车自动化仓库的对比

| 项目 | 堆垛机自动化仓库 | 四向穿梭车自动化仓库 |
| --- | --- | --- |
| 堆放方式 | 自动窄巷道高层货架 | 自动密集型高层货架 |
| 适用建筑特点 | 适用于仓库层高较高，布局规整的矩形仓库 | 适用于仓库层高有限、多立柱、形状不规则的仓库，高度一般不超过 12m |
| 载重范围 | 一般额定载重为 1~3t，最大可达 8t | 额定载重多为 2t 以下 |
| 作业效率 | 单机作业模式，整个仓库效率由堆垛机数量决定，无法扩展 | 多设备联动作业，总体效率由四向车数量和提升机数量决定，可以扩展 |
| 存储密度 | 采用单深位或双深位设计，容积率 30%~40% | 根据需求设计进深数，容积率 40%~60% |
| 扩展能力 | 仓库布局形成后无法更改，堆垛机沿固定轨道运行且数量无法增加 | 可增减四向穿梭车数量，以适应作业需求变化 |
| 建设成本 | 建设成本较高，库位量较少，单个货位平均成本高 | 建设成本略低，库位数量多，单个货位成本较低 |
| 维修方式 | 单机故障巷道停摆，须在库内进行维修保养 | 故障车辆可由正常车辆推出巷道，可在库外进行维修保养 |
| 运行噪声 | 设备自重 4~5t，运行噪声较大 | 车体自重较小，运行噪声较小 |
| 安全防护 | 堆垛机有固定轨道，供电为滑触线供电，一般不易发生事故 | 四向穿梭车运行平稳，车身采取多种安全措施，如防火防烟、温度报警等设计，一般不易发生事故 |

## 7.3.5 仓库尺寸与能力计算

**1. 货格尺寸设计**

合理确定货格尺寸对自动化仓库设计至关重要。这不仅影响仓库面积和空间的利用率，还关系到作业设备能否顺利完成存取操作。对于堆垛机自动化仓库，常见货格形式及其单元货物存放方式如图 7-11、图 7-12 和表 7-5 所示。四向穿梭车自动化仓库的货架略有差异。

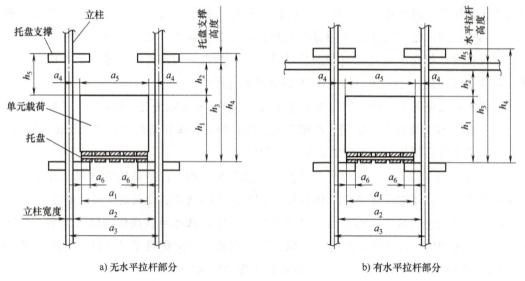

图 7-11 货格与货物关系图（长-高面）

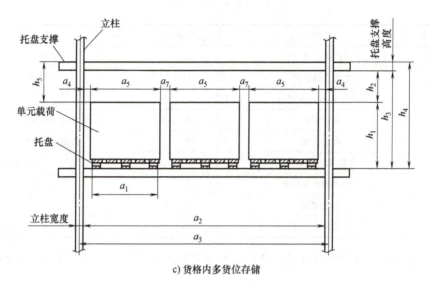

c) 货格内多货位存储

图 7-11　货格与货物关系图（长-高面）（续）

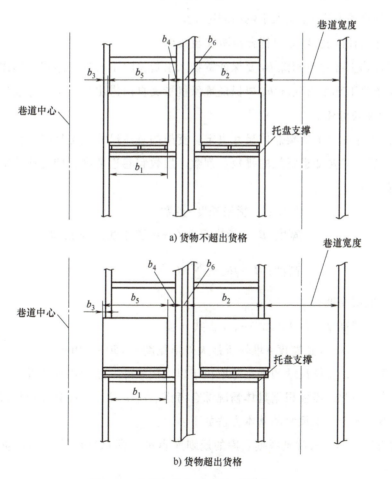

a) 货物不超出货格

b) 货物超出货格

图 7-12　货格与货物关系图（深-高面）

表 7-5 某仓库货物信息表

| 代号 | 名称 | 代号 | 名称 |
| --- | --- | --- | --- |
| $a_1$ | 托盘长度 | $b_3$ | 前面间隙 |
| $a_2$ | 货格有效长度 | $b_4$ | 后面间隙 |
| $a_3$ | 货格中心距长度 | $b_5$ | 货物宽度 |
| $a_4$ | 侧向间隙 | $b_6$ | 背靠背立柱间宽度 |
| $a_5$ | 货物长度 | $h_1$ | 货物高度(含托盘) |
| $a_6$ | 支撑货物的宽度 | $h_2$ | 单元货物上部垂直间隙 |
| $a_7$ | 货物之间水平间隙 | $h_3$ | 货格净高 |
| $b_1$ | 托盘宽度 | $h_4$ | 层高 |
| $b_2$ | 货格有效宽度 | $h_5$ | 单元货物下部垂直间隙 |

在确定存储单元货物的尺寸后,货格尺寸主要取决于各间隙尺寸的大小。各间隙尺寸的选取原则如下:

1)侧向间隙 $a_4$ 一般在 50~100mm 范围内选用。
2)支撑货物的宽度 $a_6$ 应大于侧向间隙 $a_4$。
3)背靠背立柱间宽度 $b_6$ 应符合消防安装要求。
4)单元货物上部垂直间隙 $h_2$ 要保证货物入出货位时不与货架结构件相碰。
5)单元货物下部垂直间隙 $h_5$ 要保证堆垛机货叉自由进出货架货位存取货物。

**2. 仓库总体尺寸设计**

仓库总体尺寸主要由货架总体尺寸决定。货架的总体尺寸就是货架的长、宽、高等。当货格尺寸确定后,只要知道货架的排数、列数、层数和巷道宽度,即可计算出其总尺寸。具体计算方法如下:

长度:L = 货格长度×列数

宽度:B =(货格宽度×2+巷道宽度)×排数/2

高度:$H = H_0 + \sum_{i=1}^{n} H_i$

式中  $H_0$——底层高度;

$H_i$——各层高度,$i$ = 1,2,…,n,共 n 层。

巷道宽度 = 堆垛机最大外形宽度+(150~200mm)

需要说明的是,总体尺寸的确定除取决于以上因素外,还受用地情况、空间制约和自动化程度的影响。因此,需要根据具体情况综合考虑、统筹设计,而且在设计过程中需要不断地修改和完善。确定货架尺寸的基本方法如下:

(1)静态法。静态法就是根据仓库的规划库容量(即总货位数)确定货架的尺寸。计算公式如下:

总货位数 = 列数×巷道数×货架层数

在总货位数已知的情况下，确定列数（货架长度）、巷道数（仓库宽度）、货架层数（仓库高度）中的任意两个参数，也就确定了货架的基本尺寸。根据以上参数及货格尺寸、库顶间隙、库内设施与墙体的安全距离以及前区尺寸等，确定货架总尺寸。

四向穿梭车自动化仓库的货架布局可能存在不规则布局，因此具体计算更加复杂，但基本思路与堆垛机自动化仓库是一样的。

（2）动态法。动态法就是根据所要求的出入库频率和所选堆垛机的速度参数来确定货架的总体尺寸。该方法需要通过试算不同的巷道数、货架层数、货架列数的组合，确保整个仓库的出入库能力达到设计要求，从而确定货架尺寸的。这里不再赘述。

**3. 出入库能力计算**

（1）堆垛机自动化仓库。堆垛机自动化仓库的出入库能力计算公式如下：

$$n = \frac{3600}{t_m} \tag{7-1}$$

式中　$n$——每小时入库（出库）的单元货物（或托盘）数；

　　　$t_m$——平均作业循环时间，单位为秒（s）。

需要说明的是，以上计算得到的 $n$ 是单台堆垛机的出入库能力。如果有多个巷道、多台堆垛机，则整个仓库的出入库能力为多台堆垛机能力之和。

平均作业循环时间根据作业的不同，可分为平均单一作业循环时间和平均复合作业循环时间。单一作业循环即堆垛机从出入库台取一个货物单元送到选定的货位，然后返回巷道口的出入库台（单入库）；或者从巷道口出发到某一个给定的货位，取出一个货物单元送到出入库台（单出库）。复合作业循环即堆垛机从出入库台取一个货物单元送到选定的货位，然后直接转移到另一个给定的货位，取出其中的货物单元，回到出入库台出库。

平均单一作业循环时间的计算方法见图 7-13 和式（7-2）；平均复合作业循环时间的计算方法见图 7-14 和式（7-3）。

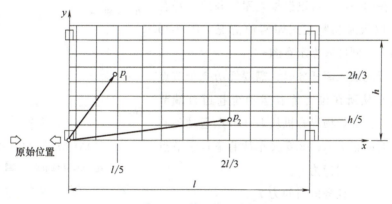

图 7-13　单一作业路线

$$t_{m1} = \frac{1}{2}[t(p_1) + t(p_2)] + t_{01} \tag{7-2}$$

式中　$t_{m1}$——平均单一作业循环时间；

$t(p_1)$——堆垛机从原始位置处至 $p_1$ 点往返运行（水平、起升）的时间；

$t(p_2)$——堆垛机从原始位置处至 $p_2$ 点往返运行（水平、起升）的时间；

$t_{01}$——单一作业循环中固定不变的动作时间总和（包括定位、货位探测、货叉作业循环等）。

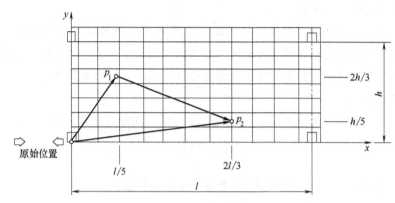

图 7-14　复合作业路线

$$t_{m2} = t(p_1; p_2) + t_{02} \tag{7-3}$$

式中　$t_{m2}$——平均复合作业循环时间；

$t(p_1; p_2)$——堆垛机从原始位置处运行（水平、起升）至 $p_1$ 点，然后到 $p_2$ 点，最后返回原始位置处的时间；

$t_{02}$——复合作业循环中固定不变的动作时间总和（包括定位、货位探测、货叉作业循环等）。

（2）穿梭车自动化仓库。在计算穿梭车自动化仓库的出入库能力时需要考虑到穿梭车初始位置与入库货位可能不在同一层，可以根据入库任务层是否有穿梭车分为同层入库和跨层入库两种情况。图 7-15 为单一作业循环下同层入库示意图。

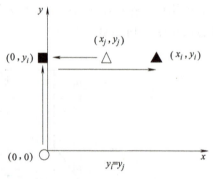

穿梭车执行同层入库任务时，需要经历 3 个节点变化：①穿梭车从所在位置节点运动至巷道首端节点，时间记为 $t_1$；②货物提升机从 I/O 节点运动到巷道首端节点，时间记为 $t_2$；③穿梭车从巷道首端节点运动至货位节点，时间记为 $t_3$。

图 7-15　单一作业循环下同层入库

穿梭车执行同层任务的时间为 $T_1$：

$$T_1 = t_1 + t_2 + t_3 + t_w^1 + 2t_{p/s}$$

式中　$t_w^1$——穿梭车执行任务时等待货物提升机响应的时间；

$t_{p/s}$——穿梭车取/放货物的时间。

图 7-16 为单一作业循环下跨层入库示意图。

穿梭车执行跨层入库任务时，需要经历6个节点变化：①穿梭车从所在位置节点运动至巷道末端节点，时间记为 $t_4$；②换层提升机从上次换层节点运动至穿梭车所在层节点，时间记为 $t_5$；③换层提升机从穿梭车所在层的巷道末端节点运动至入库层巷道末端节点，时间记为 $t_6$；④穿梭车从巷道末端节点运动到巷道首端节点，时间记为 $t_7$；⑤货物提升机从 I/O 节点运动至入库层巷道首端节点，时间记为 $t_8$；⑥穿梭车从入库层巷道首端节点运动至入库货位节点，时间记为 $t_9$。

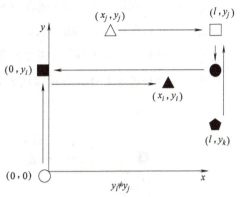

○ I/O 节点　　△ 穿梭车位置节点
▲ 入库货位节点　　■ 入库层巷道首端节点
□ 穿梭车所在层巷道末端节点
● 入库层巷道末端节点
⬠ 上次换层节点

图 7-16　单一作业循环下跨层入库

穿梭车执行跨层任务的时间为 $T_2$：

$$T_2 = t_4 + t_5 + t_6 + t_7 + t_8 + t_9 + t_w^2 + 2t_{p/s}$$

式中　$t_w^2$——穿梭车执行任务时等待换层提升机响应的时间。

根据穿梭车同层和跨层入库的作业流程，穿梭车完成一次入库作业流程的时间为 $T_s$：

$$T_s = \sum_{i=1}^{n} \theta_{ij} [\delta_{ij} T_2 + (1-\delta_{ij}) T_1]$$

式中　$\theta_{ij} = \{0, 1\}$，$i = 1, 2, 3, \cdots, n$；$j = 1, 2, 3, \cdots, r$；

$\delta_{ij} = \{0, 1\}$，$i = 1, 2, 3, \cdots, n$；$j = 1, 2, 3, \cdots, r$；

$\theta_{ij}$ 和 $\delta_{ij}$ 为决策变量，当穿梭车 $j$ 执行任务 $i$ 时，$\theta_{ij}$ 为1，否则为0；当穿梭车 $j$ 执行任务 $i$ 需要跨层时，$\delta_{ij}$ 为1，否则为0；

由于多台穿梭车并行作业，因此整个任务的入库时间为完成时间最长的穿梭车的工作时间。总入库时间 $F(t)$ 为

$$F(t) = \max(T_s)$$

出库任务与入库任务相似，在此不再介绍。

在复合作业（同时包括出库和入库任务）循环模式下，同样也需要根据出库货物是否同层，将复合作业循环分为同层复合作业和跨层复合作业，如图 7-17 所示。

复合作业循环同层入库时间为

$$T_{ij} = 2t_{io}^h + t_{io}^l + t_{ij}^l + t_{oj}^l + 4t_{p/s}$$

复合作业循环跨层入库时间为

$$T_{ij} = t_{io}^h + 2t_{io}^l + t_{ij}^h + 2t_{oj}^l + t_{oj}^h + 4t_{p/s}$$

式中　$t_{io}^h$——提升机在 I/O 点与入库任务 $i$ 所在层之间垂直运动一次所用的时间；

$t_{io}^l$——穿梭车在巷道口与入库任务 $i$ 所在排之间水平运动一次所用的时间；

$t_{oj}^l$——穿梭车在巷道口与出库任务 $j$ 所在排之间水平运动一次所用的时间；

$t_{ij}^l$——穿梭车从入库任务 $i$ 所在排水平运动到出库任务 $j$ 所在排所用的时间;

$t_{p/s}$——穿梭车取/放货物的时间;

$t_{ij}^h$——提升机从入库任务 $i$ 所在层垂直运动到出库任务 $j$ 所在层所用的时间;

$t_{oj}^h$——提升机在 I/O 点与出库任务 $j$ 所在层之间垂直运动一次所用的时间。

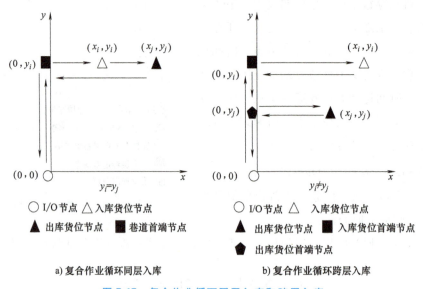

图 7-17　复合作业循环同层入库和跨层入库

基于上述作业时间,便可以得到穿梭车自动化立体仓库的出入库能力计算公式为

$$吞吐量 = \frac{有效工作时间}{作业周期时间} \times 穿梭车数量$$

根据以上对单一作业方式和复合作业方式的作业时间的计算,可得单一作业方式下的出入库能力为

$$\lambda_1 = \frac{3600}{T_s} \times N$$

式中　$\lambda_1$——每小时的系统出入库能力;

$T_s$——平均单一作业周期;

$N$——系统中的穿梭车数量。

复合作业方式下的出入库能力为

$$\lambda_2 = \frac{3600}{T_{ij}} \times N$$

式中　$\lambda_2$——每小时的系统出入库能力;

$T_{ij}$——平均复合作业周期;

$N$——系统中的穿梭车数量。

(3) 基于 AGV 的自动化仓库。基于 AGV 的自动化仓库的出入库能力计算方式与堆垛机自动化仓库相似,二者的区别仅为 SKU 不一样,在此不再赘述。

## 7.3.6 仓库出入库区布局

在自动化仓库的设计中，合理的布局不仅可以提高仓库的空间利用率，还能有效提升物流运转效率。自动化仓库布局涉及货物单元出、入高层货架的形式，以及高层货架区和作业区的衔接方式。

**1. 货物出入货架的形式**

以堆垛机自动化仓库为例，根据货物单元在高层货架中的流通路径和存取方式，常见的出入库形式有以下几种：

（1）贯通式。贯通式出入口布局允许货物从一端进入，并从另一端取出，形成连续的货物流动通道，如图7-18所示。这种方式总体布局较为简单，便于管理和维护。然而，对于每一个货物单元而言，要完成其入库和出库全过程，堆垛机需要穿过整个巷道，可能影响效率。

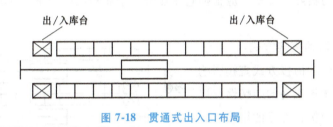

图7-18 贯通式出入口布局

（2）同端出入式。同端出入式是指货物的进出均在巷道同一端进行的布局形式，包括同层同端出入式和多层同端出入式，如图7-19所示。这种布局的最大优点是能够缩短出入库周期，特别是在仓库存货未满且采用自由货位储存时，其优势更为明显。此时可以选择距离出入库口较近的货位存放货物，缩短搬运距离，提高出入库效率。此外，入库作业区和出库作业区还可以合并，便于集中管理。

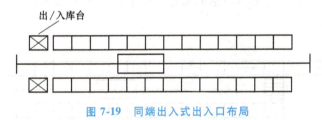

图7-19 同端出入式出入口布局

（3）旁流式。旁流式设计允许货物在高层货架的侧面进行存取，如图7-20所示。这种

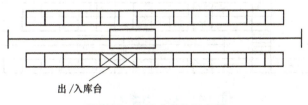

图7-20 旁流式出入口布局

方式在货架中间设立通道，减少了货格数量，从而减少了库存量。由于可以组织两条路线进行搬运，旁流式设计提高了搬运效率，并方便不同方向的出入库操作。

此外，可以在一层或者多层设置出入口，如图 7-21 所示。其中，图 7-21a 为只在一层出入；图 7-21b 为在多层出入。

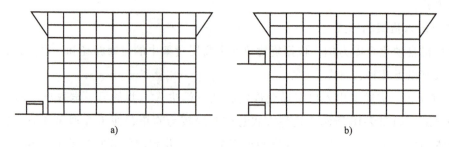

图 7-21　一层或多层出入口布局

在自动化仓库的实际设计中，应根据仓库在整个企业物流中的角色和具体需求，选择最适合的布局方式。

**2. 货架与作业区的衔接方式**

货架区与作业区的衔接方式直接影响仓库的操作效率和物料流动的顺畅性。以堆垛机自动化仓库为例，常见的衔接方式包括以下几种：

从堆垛机出入库存取货物时，货物放置的位置可以分为放置于出入库台上或者放置于输送机上。

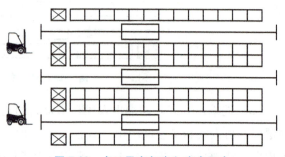

图 7-22　人工叉车与出入库台组合

从作业区取放货物的设备可以分为输送机、RGV、AGV、人工叉车等。

二者相互配合，可以产生非常灵活的衔接方式组合。图 7-22 和图 7-23 所示为几种常见的组合方式。

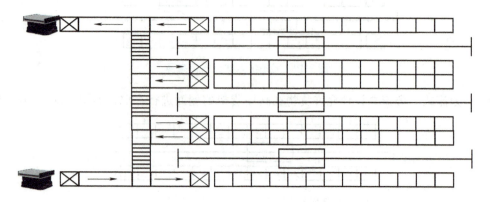

图 7-23　AGV 与输送机组合

四向穿梭车自动化仓库、基于 AGV 的自动化仓库与以上类似，也存在多种与作业区的衔接方式。图 7-24 所示为四向穿梭车自动化仓库布局。

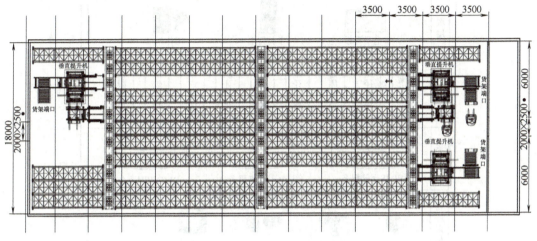

图 7-24　四向穿梭车自动化仓库布局

## 7.4 仓库管理系统

仓库管理系统（Warehouse Management System，WMS）是用于控制和管理仓库或者物流配送中心的计算机软件系统。如果说自动化立体仓库是智能仓储系统的骨架，则 WMS 是智能仓库系统的灵魂。只有二者相互协同，才能实现仓储系统的智能化，从而实现仓储系统效率和收益最大化。

### 7.4.1　WMS 的框架

WMS 是用于仓库管理的计算机软件系统，通过实时跟踪库存、优化存储位置、管理货物流动、简化拣选和包装流程，以及提供全面的库存可视性，增强仓库的运营效率和准确性。

WMS 架构如图 7-25 所示。物理架构层位于下层，主要负责采集数据和监控设备运行状态；软件架构层位于上层，包括系统层、应用层和表现层三个层次，其中系统层负责与硬件设备交互，提供系统服务，应用层负责实现各种仓库管理功能，如入库、出库、作业管理等，表现层则负责提供用户界面，与用户进行交互。

### 7.4.2　WMS 的作用与功能

**1. WMS 的作用**

WMS 在企业的运营中扮演着至关重要的角色。它通过整合信息和流程，提供了一种集

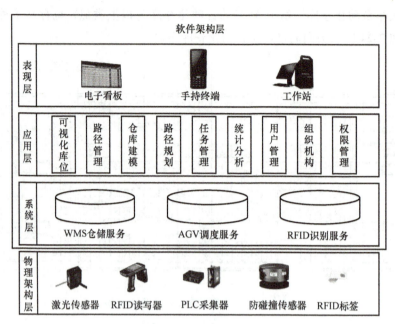

图 7-25 WMS 架构

中控制和监控仓库运营的方式，起到了不可或缺的作用。

（1）优化库存控制。WMS 通过实时跟踪库存状态，包括库存数量、位置、状态等，确保企业能够准确了解库存情况，从而进行有效的库存控制和优化，有助于减少库存积压、缺货等问题，提高库存周转率。

（2）提高作业效率。WMS 通过自动化和智能化的功能，如自动分配货位、优化拣货路径等，实现更快速、准确地完成入库、出库、盘点等作业，从而提高仓库作业效率。

（3）降低运营成本。WMS 通过减少作业员工人数、提高作业效率、优化库存结构等方式，有助于降低企业的运营成本；同时，系统还能提供数据支持，帮助企业制订更合理的采购、销售等计划，进一步降低成本。

（4）提供决策支持。WMS 能够收集并分析大量的仓库数据，包括库存周转率、作业效率、订单处理时间等，这些数据有助于企业决策者发现潜在问题、制定改进措施并优化业务流程，为企业决策者提供有力的数据支持。

**2. WMS 的功能**

WMS 在企业的物流管理和运营中发挥着不可或缺的作用。为了实现仓库的高效、准确和智能化管理，WMS 包含一系列功能模块：

（1）库存管理。WMS 可以实时跟踪和管理仓库中的所有库存物料，通过实时监控库存状况，提供准确的库存数目和预警功能，确保库存水平的合理性。

（2）入库管理。WMS 能够记录和管理货物的入库过程，包括接收、验收、上架等步骤，通过条码扫描器、RFID 技术，实现自动化的入库流程，提高入库效率和准确性。

（3）出库管理。WMS 能够记录和管理货物的出库过程，包括订单拣选、装箱、发货等，根据不同的出库策略和优先级，优化拣货路径，提高拣货效率。

（4）设备管理。WMS可以与仓库内的自动化设备（如堆垛机、输送带、AGV）集成，实现无缝作业流程。

（5）作业管理。WMS可以对仓库内的作业进行管理，进行作业调度，将任务分配给工作人员或自动化设备，实现自动化作业流程；并可实时监控仓库作业状态和进度，确保作业的高效进行。

（6）货位管理。WMS能管理货物的分配，对货物进行货位优化，确保货物在仓库内的合理存放和高效调配，提高货物的存储和取货效率。

（7）用户界面。WMS能提供一个直观的用户界面，使操作人员能够迅速查看作业状态和执行任务。

（8）报表与数据分析。WMS提供了丰富的报表功能，包括库存报表、作业报表、绩效报表等，帮助企业了解仓库运营情况；同时，通过数据分析工具，对仓库数据进行挖掘和分析，为企业决策提供支持。

除了以上主要模块，WMS还可能包含其他辅助模块，如质量管理模块、退货管理模块等，通过这些功能模块，WMS能够全面覆盖仓库管理的各个方面，帮助企业实现高效、准确的仓库运营。

### 7.4.3　WMS的主要类型

WMS软件有不同的类型和实施方法。企业选择WMS类型和实施方式的原因各不相同，因此，了解不同类型以及根据企业需求、预算和IT基础设施选择最适合企业的类型非常重要。从系统架构和部署方式来看，WMS主要有以下几种类型：

（1）独立系统。这种类型的系统仅用于处理仓库，专注于仓储运营的独立软件解决方案，非常适合中小型企业。这类系统提供针对仓储运营量身定制的专业功能，如库存跟踪、订单管理和劳动力管理。

（2）与ERP集成。这种类型的系统与ERP（企业资源计划）系统无缝集成，可提供更完整的业务管理解决方案，集成会计和财务、客户关系管理、库存管理等功能，为更广泛的业务环境的管理仓储运营提供全面的解决方案。

（3）供应链模块。这类系统注重与供应链的整合，确保货物在供应链中的顺畅流动，有助于处理供应商关系、业务流程、风险评估和仓储功能。

（4）云计算。这种类型系统通过云计算技术提供服务，不需要服务器硬件，也不需要与服务器硬件和网络同步，实施更快、升级更容易、使用更简单，而且可以随着业务的扩展而扩展。

### 7.4.4　WMS与库存管理系统的区别

WMS与库存管理系统（Inventory Management System，IMS）虽然都是企业资源管理的重要组成部分，但它们在功能定位、应用场景以及实现目标上存在着显著的差异。WMS 侧重于仓库作业流程的优化与自动化，从入库、存储到出库，其每一个环节都力求精准高效；而 IMS 则更侧重于库存数量的精准控制和预警，确保库存数据的实时更新与准确性，为企业的决策提供有力支持。WMS 与 IMS 之间的具体区别如下。

（1）应用场景与功能重点。WMS 主要应用于仓储和物流行业，其核心功能是库存管理、物料管理、出入库管理等，同时提供库存协调和运输管理等服务，它关注库存物流的管理和控制，包括仓库布局、货物存储、拣货、包装、发货等流程的优化；IMS 则更多地用于企业日常运营中，以实时库存跟踪、订单管理、库存成本管理、预警和警报等功能为主，侧重于库存数量的精确管理和控制。

（2）数据来源与数据管理。WMS 的主要数据来自仓库操作中的各个环节，如入库、出库、移库、盘点等，它收集和分析这些库存物流数据，并根据数据反馈实行仓库操作的管理；IMS 的数据则可能来自多个渠道，包括采购、销售、生产等，其目标是确保库存数据的准确性和实时性，以支持企业的运营决策。

（3）系统特点。WMS 通常具有物料分布直观准确、扫描方式多样化、与 ERP 系统无缝对接、电子理货等特点，并致力于简化仓库管理；IMS 则可能强调自动化和实时更新、多维度库存分析、智能预警和提醒、订单与库存的无缝对接等功能，以满足企业对库存管理的不同需求。

总的来说，WMS 与 IMS 在企业资源管理中各自扮演着不可或缺的角色。这两个系统的最大区别在于，WMS 帮助管理仓库中员工的工作，而 IMS 只处理库存和成品。WMS 通过优化仓库作业流程，提高了仓库运作的效率和准确性，为企业提供了强大的物流支持；IMS 则通过精准控制库存数量，确保库存数据的实时更新和准确性，为企业决策提供有力的数据支持。企业在选择使用这两种系统时，应根据自身的业务需求和特点进行综合考虑，以实现仓库管理和库存控制的最佳效果。

## 7.5 案例分析

### 7.5.1 某四向穿梭车自动化仓库规划

某企业拟在一栋二层厂房建设仓库，计划在一层存放码垛物资，二层存放托盘集装的被服物资。二层长 90m、宽 50m、净高 6.6m，由于被服物资中既有大批量、少品种的毛毯、被褥，也有小批量、多品种的各型衣裤，存取方式较为灵活，且出入库周转率较高，因此规划建设四向穿梭车自动化密集仓储系统进行物资存储收发。

四向穿梭车自动化仓库系统的货架建设在二层，为便于物资存取和上下架作业，货架端口设置在一层，入库上架时由垂直提升机将托盘从货架端口运送到二层的货架，出库下架时由垂直提升机将托盘从二层运送到一层的货架端口。

根据物资存储特点,采用 1.2m×1.0m 的标准托盘,并采用单品集装、按类型存储、批量收发的物资管理模式。库房长 90m、宽 50m,托盘长 1m、宽 1.2m,由于库房面积较大,沿着库房的长或宽方向设置存储货位,均能满足物资存储需求,不妨选择沿着库房宽度方向设置货位。为保证物资存取效率,选择存储巷道深度最大值 $N_{max}=10$。考虑到被服物资的品种型号多,每个码型的衣裤均应按照一个品种处理,且常见码型的衣裤数量较多,码型偏大或偏小的衣裤数量较小,各类深度的存储巷道均应占有一定比例。库房净高 6.6m,可设置货架层数为三层。

该仓库计划存储大批量、少品种物资(如毛毯、被褥等)共计 15 类,小批量、多品种物资(各型衣裤)共计 8 类 216 型,通过估算各类物资的日均出入库流量,仓库的物资平均到达率为 3.5 托盘/min,单个集装托盘的理货组盘平均时间为 1.5min。根据所选择设备的参数测算,叉车将托盘从组盘作业区运送至货架入口平均需 1.3min,垂直提升机将托盘物资从货架端口送至指定货架层平均需 1.2min,四向穿梭车将托盘物资从垂直提升机的传送带运送至指定货位并返回原处所需平均时间为 3.1min。

根据测算,系统配置理货组盘人员 6 个、叉车 5 台、垂直提升机 5 台和四向穿梭车 11 台。其中垂直提升机为货架系统内的固定设备,不能灵活调动,必须设置 5 台或以上,其他服务中心的设备人员数量可临时按需调度。

根据仓库库房的面积和构型,结合系统设备编配需求(垂直提升机 5 台,货架端口设在楼库一层垂直提升机侧面),设计连通且没有割边的四向穿梭车自动化密集仓储系统(货架部署在楼库二层),布局如图 7-26 所示。

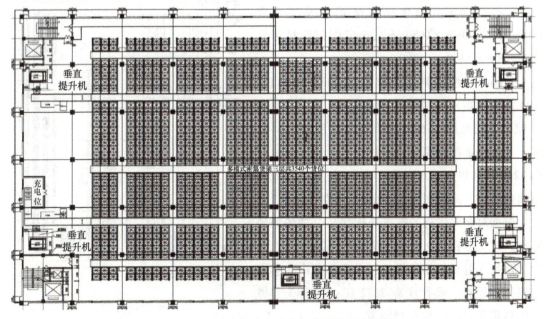

图 7-26 四向穿梭车自动化密集仓储系统布局

按照设计的方案建设四向穿梭车自动化密集仓储系统,达到入库作业 192 托盘/h,出库作业 198 托盘/h,符合预期。

## 7.5.2 某堆垛机自动化仓库规划

某企业在新工厂规划中,在车间生产线旁同步规划自动化仓库,用于车间成品及原材料的存放。车间整体布局如图 7-27 所示。

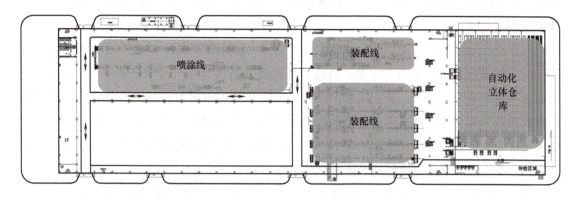

图 7-27 车间整体布局

鉴于原材料中部分配件尺寸较小,因此,设计自动化仓库时,拟针对不同的存储对象设计不同的存储方案。其中,成品、包材、铝片混合仓库采用托盘库,尺寸较小的配件仓库采用料箱库。

根据对平面综合利用率和体积综合利用率的测算,最终选定托盘库托盘储运单元尺寸为 1300mm×1200mm×1650mm,选定配件库料箱尺寸为 600mm×400mm×300mm。

车间每天两班累计工作时间 20h。经测算,配件料箱库需求储位 6069 箱,需求出入库效率 88 箱/h。托盘库拟安排一个巷道存放原材料铝片,其他巷道存放成品和包材,合计储位需求最小 2250 托。铝片出入库效率为 13 托/h,其他成品和包材出入库效率为 92 托/h(含空托盘)。

根据对仓库系统的需求分析,结合现场场地限制,该工厂自动化仓库布局如图 7-28 所示。其中,西侧 5 巷道选用堆垛机托盘库,其中 3 巷道为双深位设计,设计库容 3072 托;东侧 3 巷道选用料箱库,设计库容 8568 箱。

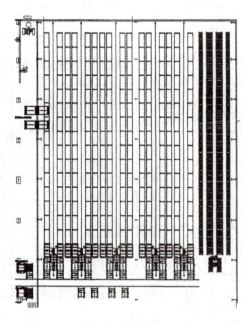

图 7-28 自动化仓库布局

其中，托盘库的成品托盘出入立库采用 AGV 与生产线对接。图 7-29 所示为成品托盘动线，采用 AGV 运输。AGV 系统自动与生产线和立库对接。

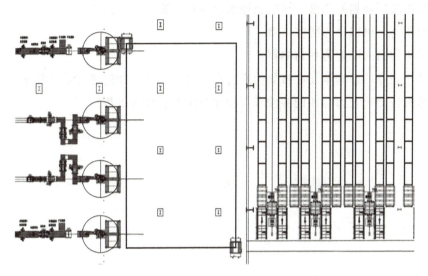

图 7-29　成品托盘动线

为了充分利用空间，在仓库部分区域设置二层钢平台，所有包材、配件通过箱式、托盘输送系统送至二层平台，外箱由机器人自动开箱后经提升机送至一层；配件、其他包材通过人工拣配至笼车后，通过笼车提升机送至一层。原材料托盘动线如图 7-30 所示。

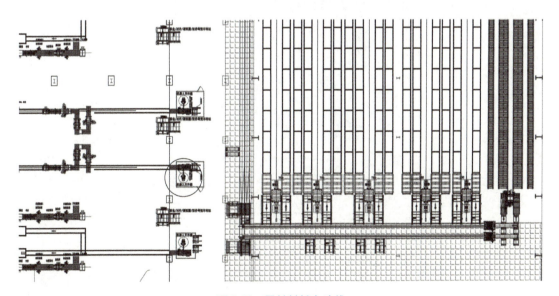

图 7-30　原材料托盘动线

该仓库在设计时，充分考虑了车间物料的尺寸和数量特征，以及生产线物流需求的时间特征，采用托盘库与料箱库的混合设计，并考虑了车间物料备料需求，综合使用 AGV、提升机等自动化物流输送装备，实现了车间的仓储和配送整体物流系统设计。

## 复习思考题

1. 从智能工厂规划的角度，智能仓储系统应具备哪些技术条件？
2. 自动化仓库可以分为哪些类型？
3. 堆垛机的出入库能力如何测算？
4. 自动化仓库的存储单元应该如何进行平面尺寸设计？如何进行堆叠高度设计？
5. 堆垛机自动化仓库与四向穿梭车自动化仓库各有什么优势？

## 参考文献

[1] 乔非，孔维畅，刘敏，等. 面向智能制造的智能工厂运营管理［J］. 管理世界，2023，39（1）：216-225.

[2] 卢秉恒，邵新宇，张俊，等. 离散型制造智能工厂发展战略［J］. 中国工程科学，2018，20（4）：44-50.

[3] 蒋明炜. 机械制造业智能工厂规划设计［M］. 北京：机械工业出版社，2017.

[4] 王家善，吴清一，周佳平. 设施规划与设计［M］. 北京：机械工业出版社，2001.

[5] 刘树华，鲁建厦，王家尧. 精益生产［M］. 北京：机械工业出版社，2009.

[6] 饶云清. 制造执行系统技术及应用［M］. 北京：清华大学出版社，2022.

[7] 瞿成. MES 在叉车制造过程中的应用研究［D］. 杭州：浙江大学，2023.

[8] 王加兴. 离散制造车间数据采集及其分析处理系统研究与开发［D］. 杭州：浙江大学，2010.

[9] 张佳. 条码技术在库存管理中的应用研究［D］. 昆明：昆明理工大学，2012.

[10] 薛竹溪. 基于 RFID 技术的富士康仓储管理应用研究［D］. 太原：山西财经大学，2023.

[11] 郑力，莫莉. 智能制造：技术前沿与探索应用［M］. 北京：清华大学出版社，2021.

[12] 魏毅寅，柴旭东. 工业互联网：技术与实践［M］. 北京：电子工业出版社，2017.

[13] 党争奇. 智能生产管理实战手册［M］. 北京：化学工业出版社，2020.

[14] 潘尔顺. 生产计划与控制［M］. 上海：上海交通大学出版社，2003.

[15] 吴爱华，张绪柱，王平. 生产计划与控制［M］. 北京：机械工业出版社，2013.

[16] 威尔斯，科克. 生产管理高级计划与排程 APS 系统设计、选型、实施和应用［M］. 刘晓冰，薛方红，王姝婷，译. 北京：机械工业出版社，2021.

[17] LUPEIKIENE A, DZEMYDA G, KISS F, et al. Advanced planning and scheduling systems: modeling and implementation challenges［J］. Informatica, 2014, 25（4）: 581-616.

[18] 丁斌，陈晓剑. 高级排程计划 APS 发展综述［J］. 运筹与管理，2004，13（3）：155-159.

[19] 兰月政，鲁建厦，孔令革. 基于遗传算法的混流生产线产品分组指派问题研究［J］. 浙江工业大学学报，2011，39（3）：312-316.

[20] 兰月政. 面向混流装配方式的零部件批量计划问题研究［D］. 杭州：浙江工业大学，2010.

[21] 李占猛. 面向离散制造业的 PFEP 系统的研究［D］. 济南：山东大学，2017.

[22] 翁卫兵，杨广君. 基于 PFEP 的发动机厂厂内物流规划［J］. 物流科技，2010，33（10）：87-91.

[23] 邱伏生. 智能工厂物流构建：规划、运营与转型升级［M］. 北京：机械工业出版社，2022.

[24] 陈传军，檀智斌，贾楠，等. 自动化立体库存储单元规格设计方法［J］. 制造业自动化，2021，43（10）：144-146，152.

[25] 付晓锋，俞汉生，朱从民. 四向穿梭式自动化密集仓储系统的设计与控制［M］. 北京：机械工业出版社，2018.